青枣栽培及其贮藏加工技术

QINGZAO ZAIPEI JIQI

ZHUCANG JIAGONG JISHU

主 编 姚 昕

副主编 郑传刚 涂 勇

U0248304

四川大学出版社

责任编辑:王　平
责任校对:周　颖
封面设计:墨创文化
责任印制:王　炜

图书在版编目(CIP)数据

青枣栽培及其贮藏加工技术 / 姚昕主编. —成都:
四川大学出版社,2013.12
　(西昌学院"质量工程"资助出版系列专著)
　ISBN 978-7-5614-7448-8

　Ⅰ.①青…　Ⅱ.①姚…　Ⅲ.①枣-果树园艺②枣-贮
藏③枣-水果加工　Ⅳ.①S665.1

中国版本图书馆 CIP 数据核字(2013)第 308690 号

书名　**青枣栽培及其贮藏加工技术**

主　　编　姚　昕
出　　版　四川大学出版社
地　　址　成都市一环路南一段 24 号 (610065)
发　　行　四川大学出版社
书　　号　ISBN 978-7-5614-7448-8
印　　刷　郫县犀浦印刷厂
成品尺寸　170 mm×240 mm
印　　张　10.5
字　　数　219 千字
版　　次　2014 年 4 月第 1 版
印　　次　2015 年 12 月第 2 次印刷
定　　价　22.00 元

◆读者邮购本书,请与本社发行科联系。
　电话:(028)85408408/(028)85401670/
　(028)85408023　邮政编码:610065

◆本社图书如有印装质量问题,请
　寄回出版社调换。

◆网址:http://www.scup.cn

总　序

　　为深入贯彻落实党中央和国务院关于高等教育要全面坚持科学发展观，切实把重点放在提高质量上的战略部署，经国务院批准，教育部和财政部于 2007 年 1 月正式启动"高等学校本科教学质量与教学改革工程"（简称"质量工程"）。2007 年 2 月，教育部又出台了《关于进一步深化本科教学改革 全面提高教学质量的若干意见》。自此，中国高等教育拉开了"提高质量，办出特色"的序幕，从扩大规模正式向"适当控制招生增长的幅度，切实提高教学质量"的方向转变。这是继"211 工程"和"985 工程"之后，高等教育领域实施的又一重大工程。

　　在党的十八大精神的指引下，西昌学院在"质量工程"建设过程中，全面落实科学发展观，全面贯彻党的教育方针，全面推进素质教育；坚持"巩固、深化、提高、发展"的方针，遵循高等教育的基本规律，牢固树立人才培养是学校的根本任务，质量是学校的生命线，教学是学校的中心工作的理念；按照分类指导、注重特色的原则，推行"本科学历（学位）＋职业技能素养"的人才培养模式，加大教学投入，强化教学管理，深化教学改革，把提高应用型人才培养质量视为学校的永恒主题。学校先后实施了提高人才培养质量的"十四大举措"和"应用型人才培养质量提升计划 20 条"，确保本科人才培养质量。

　　通过 7 年的努力，学校"质量工程"建设取得了丰硕成果，已建成 1 个国家级特色专业，6 个省级特色专业，2 个省级教学示范中心，2 个卓越工程师人才培养专业，3 个省级高等教育"质量工程"专业综合改革建设项目，16 门省级精品课程，2 门省级精品资源共享课程，2 个省级重点实验室，1 个省级人文社会科学重点研究基地，2 个省级实践教学建设项目，1 个省级大学生校外农科教合作人才培养实践基地，4 个省级优秀教学团队，等等。

　　为搭建"质量工程"建设项目交流和展示的良好平台，使之在更大范围内发挥作用，取得明显实效，促进青年教师尽快健康成长，建立一支高素质的教学科研队伍，提升学校教学科研整体水平，学校决定借建院十周年之机，利用

2013 年的"质量工程建设资金"资助实施"百书工程"，即出版优秀教材 80 本，优秀专著 40 本。"百书工程"原则上支持和鼓励学校副高职称的在职教学和科研人员，以及成果极为突出的中级职称和获得博士学位的教师出版具有本土化、特色化、实用性、创新性的专著，结合"本科学历（学位）+职业技能素养人才培养模式"的实践成果，编写实验、实习、实训等实践类的教材。

在"百书工程"实施过程中，教师们积极响应，热情参与，踊跃申报：一大批青年教师更希望借此机会促进和提升自身的教学科研能力；一批教授甘于奉献，淡泊名利，精心指导青年教师；各二级学院、教务处、科技处、院学术委员会等部门的同志在选题、审稿、修改等方面做了大量的工作。北京理工大学出版社和四川大学出版社给予了大力支持。借此机会，向为实施"百书工程"付出艰辛劳动的广大教师、相关职能部门和出版社的同志等表示衷心的感谢！

我们衷心祝愿此次出版的教材和专著能为提升西昌学院整体办学实力增光添彩，更期待今后有更多、更好的代表学校教学科研实力和水平的佳作源源不断地问世，殷切希望同行专家提出宝贵的意见和建议，以利于西昌学院在新的起点上继续前进，为实现第三步发展战略目标而努力！

西昌学院校长　夏明忠

2013 年 6 月

前　言

青枣，别名印度枣、毛叶枣，原产于印度，为鼠李科枣属植物，具有果大、速生、早结、丰产稳产、果实品质好等优良性状，引入我国台湾省后，经品种改良育种而成为经济栽培果树。近年来，青枣由台湾相继传入广东、海南、广西、云南、福建、四川等省（区）进行栽培，且发展迅速，栽培面积不断扩大，产量逐年提高，形成了青枣种植的热潮。

青枣虽然在我国南方各地相继引种试种成功，但青枣产业的发展仍处于起步阶段，存在着品种杂乱、栽培管理粗放、流通渠道不畅等问题，甚至在一些不适宜栽培的地区也出现了青枣的规模种植，给果农造成了巨大的损失。此外，在青枣生产过程中，由于果农种植经验的不足，加之管理不善，以致青枣病虫害发生严重，且呈加重趋势；而在进行病虫害防治时，其方法单一，一味地强调防和杀，往往大量使用某一种或几种化学农药，对其毒性及残留重视不够，结果导致青枣中农药残留量剧增，造成环境污染，威胁人畜健康。以上这些问题显然与青枣产业的发展不相适应，无法进一步拓展其国内外市场。当前，青枣的消费仍以鲜食为主，以青枣为原料的相关加工产品在市场中所见甚少，食用方法较为单调，并且其具有不耐储存的特性。为了进一步扩大受益人群，研究其贮藏加工技术，延长其货架期，发展青枣系列产品的加工就显得十分必要。

现如今，青枣产业同时面临着机遇与挑战，如何在现有基础上进一步研究切实可行的针对青枣的优质丰产栽培技术、病虫害防治技术及贮藏技术体系，以满足人们在新时期对无公害农产品的要求，更好地为青枣产业服务，已经成为当前亟待解决的问题。鉴于以上原因，编者将在青枣生产上所掌握的研究资料和经验加以总结，编写了这本专门介绍青枣栽培技术、主要病虫害防治及其贮藏加工技术的书，以飨读者。

本书由姚昕主编，郑传刚和涂勇担任副主编。全书共分为十一章，各章节分别由以下作者完成：第一章、第七章、第九章至第十一章由姚昕执笔，第二章至第六章由郑传刚执笔，第八章由涂勇执笔。

本书的出版，会聚了集体的努力。在编写过程中，力求融入自己的研究经验，写出自己的风格。随着青枣产业的发展，编者将对内容不断进行修改、补充和完善。

由于编者学识水平有限，书中难免有疏漏欠缺之处，恳请专家、读者不吝赐教，以便补充修正。

编　者

2013 年 9 月

目　录

第一章 青枣生产概述

一、青枣的起源与分布

青枣（*Zizyphus mauritian* Lam.）又名毛叶青枣、印度枣、滇刺枣、缅枣、西西果、麻荷（傣语）等，属鼠李科（Rhamnaceae）枣属（*Zizyphus*）植物，是热带、亚热带常绿或半落叶灌木或小乔木。有关青枣原产地的说法有两种：一种说法认为，青枣起源于中国的云南省和印度，然后传到阿富汗、马来西亚和澳大利亚的昆士兰，大约在 1850 年前后被引种到关岛，经夏威夷再传到美洲；另一种说法认为，青枣起源于小亚细亚南部、北非、毛里求斯、印度东部一带。目前，青枣已广泛分布于印度、越南、缅甸、斯里兰卡、马来西亚、泰国、印度尼西亚、澳大利亚、非洲和美国的南部等地。

20 世纪 40 年代，我国台湾开始人工栽培从印度引进的青枣。当时，青枣的果形小、甜味淡且带有酸涩味，再加上最先是在台湾北部种植的，由于气候较寒冷，结果期短，产量也较低。因此，引进后的相当长一段时期内，青枣种植基本上没有发展，只是试验性的种植。直到 20 世纪六七十年代，当地又从泰国、缅甸、北非等地引进了一批新品种，并更换了种植区域。由于气温的升高和光照时间的延长，无论是原有的品种还是新引进的品种，在品质上都有了较大的改善，产量也大幅度提高，再加上青枣经过多年的自然变异和人工筛选，特别是品种之间的自然杂交，出现了很多优良的实生树变异株，而这些优良的变异株，经过无性繁殖，就成为更新的优良品种。随着栽培条件的逐渐改善及新品种的不断出现，青枣的种植面积开始逐年扩大。

到了 20 世纪 80 年代，我国台湾又成功地选育了一批性状更优良的品种，这些品种在果形、品质、适应性等方面都远远优于传统青枣品种。为了把这些品种与传统青枣品种区别开来，果农们便把这些优良品种通称为台湾青枣。

由于台湾青枣良好的品质和经济效益，在 20 世纪 90 年代初期，广东省部分科研单位及一些台湾商人开始把台湾青枣引入广东省内试种。随后，越南归侨也从越南引进一些青枣进行试种。直至 1997 年，青枣种植开始形成规模化发展，并在海南、广东、广西、福建和云南等地掀起了一股种植台湾青枣的热潮。据初

1

步估计，仅在 1999 年春季，广东、广西、福建、海南等地种植青枣的面积就达 30000 多亩，相当于台湾省经过几十年发展才达到的面积。

目前，青枣已先后在云南、广东、四川、海南、福建、广西、重庆等省（市）和自治区成功地进行了引种试种，并开始大面积推广种植。

二、青枣的营养价值和经济价值

青枣果肉厚、核小，风味清甜多汁，且无酸味，可食率达 96%，含多种维生素和钙、镁、磷、铁、锌等人体所需的微量元素，具有丰富的营养价值，有"热带小苹果""维生素丸"之称，其鲜果的营养成分见表 1-1。此外，青枣还含有多种必需氨基酸、二十六烷基醇（蜡醇）、生物碱类和黄酮类等，见表 1-2。

表 1-1 100 g 青枣鲜果果肉的成分构成

成 分	含 量	成 分	含 量
水分	81.6～83.0 g	磷	26.8 mg
蛋白质	0.8 g	铁	0.76～1.80 mg
脂肪	0.07 g	胡萝卜素	0.02 mg
纤维素	0.60 g	维生素 B_1	0.02 mg
碳水化合物	18.0～23.0 g	核黄素	0.02～0.04 mg
总含糖量	5.4～10.5 g	烟酸	0.7～0.87 mg
还原糖	1.4～6.2 g	柠檬酸	0.2～1.1 mg
非还原糖	3.2～8.0 g	维生素 C	65.8～85.0 mg
灰分	0.3～0.59 g	氟化物	0.01～0.02 μg
钙	25.6 mg	果胶	2.2～3.4 g

青枣全身上下都是宝，果实、根、茎、叶均具有多种用途。果实可作为良好的中药，具有清凉、润肺散热、解毒、镇静等功效；与食盐和胡椒配合使用，还可用于治疗消化不良和止泻；亦可敷贴伤口和溃疡，促进愈合。果仁有镇静药用，在妊娠期与乳酪一起服用可止恶心、呕吐、腹痛，与油调和在一起可擦于风湿痛处具有止痛之效。叶片可制成药膏，对肝病、哮喘和发烧具有疗效作用，与茶配合有敛合伤口之效；叶片还富含抗癌物质、桦木醇等。树皮呈苦涩味，煎汁可用于止泻和治疗痢疾及缓解牙龈炎，敷贴到疼痛处可止痛，且含大量单宁可提取栲胶。树根具良好通便作用，根煎汁有解热、调经之效，根粉末可撒于伤口处起到收敛伤口的作用，根皮汁亦有缓解痛风和风湿病的作用。

表1-2　青枣果肉中各种氨基酸含量（mg/100g果肉）

名　称	含　量	名　称	含　量
天冬氨酸	21.75	半胱氨酸	1.30
丝氨酸	281.71	酪氨酸	2.30
谷氨酸	17.53	脯氨酸	10.77
甘氨酸	0.41	蛋氨酸	0.54
组氨酸	3.68	赖氨酸	0.53
精氨酸	6.00	异亮氨酸	0.96
苏氨酸	6.76	亮氨酸	2.39
丙氨酸	14.21	苯丙氨酸	0.60

　　国外对青枣进行了综合性应用。例如，印度人种植青枣作紫胶虫的寄主植物，于每年10月和11月接种紫胶虫，在第二年的4月和5月收集虫胶，用作染料或作为商品虫漆的原料，其中低等级的虫漆可制成封口蜡和清漆，高等级的虫漆则用于制作版画漆、上光漆等；缅甸人用青枣果实来染丝；肯尼亚人用青枣树皮生产一种肉桂色的、不易褪色的染料。此外，青枣树干及枝条可作为燃料和造纸的原材料，而树叶可作为牛、羊和骆驼等食草动物的饲料。青枣花是一种良好的蜜源，花期长达4～5个月（视修剪情况而异）。青枣果实除了可以鲜食外，还可以加工制成果脯、果酱、果干、果酒等。

　　我国大多数青枣种植区因鲜果具有较大市场以及采收后的加工、处理技术滞后，一般都将鲜果直接销售给客户，市场上未见其深加工产品销售，也没有开发出树皮、叶、根和树枝的其他深加工产品。

　　青枣属于热带、亚热带水果，具有速生、早结、丰产稳产等特性，当年定植当年结果，单株当年可挂果10～22 kg，第二年达45 kg，第三年可达90 kg，第四年可达100 kg以上。国内一般每公顷种植青枣600株，当年的产量即可达6750 kg/ha左右。青枣成熟期在每年11月至翌年3月的冬春水果淡季，盛果期为元旦至春节，是很好的应市补淡水果，具有较好的经济效益。

　　青枣生长速度极快，根系发达，无论嫁接苗还是实生苗，当年根系即可长至2～3 m，且耐旱、耐热、耐瘠薄、耐盐碱，是绿化荒山、保持水土、改良生态环境的优良树种。由于青枣同时具备了经济效益和生态效益，因而可以在我国干热地区作为绿化树种，发挥其抗逆性强的特点，为生态环境的建设增添一个新的树种。此外，青枣是常绿阔叶树种，树型优美、枝条柔软、叶色青翠、果实颜色青绿鲜艳，观之能赏心悦目，具有独特的、很高的观赏价值，既适合于庭院栽培，又适合于盆栽观赏。

三、青枣产业所存在的问题

青枣虽然在我国南方各地相继引种试种成功，但仍处于刚起步阶段。目前我国青枣种植主要存在品种杂乱、栽培管理粗放、流通渠道不畅等问题，有待于进一步完善和解决。

（一）发展区域性不强，品种杂乱

在青枣种植快速发展过程的初期，果农对种苗需求量较大，种苗供不应求，售价居高不下。在此背景下，青枣种植业出现了如下一些问题：

第一，某些地区未充分考虑当地的土壤和气候条件，盲目种植，在一些冬季易发生冻害地区大量种植青枣，从而造成青枣不能安全越冬，使果农蒙受损失。

第二，苗木市场管理不规范，一些果苗供应商利用果农对品种不了解、鉴别能力差，不管种苗品种是否纯正，不办理任何手续，擅自生产和组织种苗在市场上出售，导致苗木质量得不到保障，品种杂乱，鱼目混珠，以次充好，大量推销果小质差的品种，不经嫁接就推向市场。

因此，在面对以上这些情况时，果农选择青枣的主栽品种应从其商品性、丰产性、抗逆性和适应性等方面考虑，在选种育种上做到良种化和区域化。此外，由于青枣变异大，果农还应通过实生选种、芽变选种、国外引种等途径，使栽培品种不断更新。近年来，几乎每两年就有一个新品种出现。如果利用青枣容易嫁接换种的特点，于春季进行嫁接换种，则可解决原有品种低劣的问题。所以，果农最好能每年把果园中最优质的单株作为接穗，在全园进行嫁接更新（嫁接换种）。只有让青枣的品质不断提高、品种不断推陈出新，结束青枣优良品种单靠引种的历史，才能使我国的青枣种植业立于不败之地。

（二）栽培管理技术不够规范，病虫害严重，产品质量不高

青枣栽培在大陆历史不长，由于相当一部分果农对青枣标准化、高水平栽培管理技术的理解和掌握不够，以及资金、人力不足等原因，不能按照青枣绿色产品、标准化生产技术要求进行栽培管理。青枣虽然粗生易管，对土壤要求不严，但其修剪程度大、结果量大，对肥水的需求相应较高。部分果农只重视种植，从而忽视了栽培管理和病虫害防治措施；或因土地条件较差，无灌溉条件，尤其在结果期缺水，从而导致低产果小，落果严重，肉质松软，品质低下；或因施肥（青枣需大量有机肥）不善，从而在结果期出现钾、镁、硼缺乏症；或因不了解青枣株形特性（树形开张，宜疏植），种植过密，从而造成果园郁闭；或因不懂修剪、搭架，造成树势衰退，从而导致结果能力逐年下降，果实商品率低、效益差。因此，在搞好品种良种化、良种区域化的前提下，当务之急是加强科技培训，开展必要的技术指导，向果农传授青枣的高产优质栽培技术，全面推行无公害标准化生产，不断提高果农栽培技能，增强果农科技意识，培训一批科技意识

强、能带领果农增收致富的种植能手，做强做大青枣产业，提升青枣产业发展水平和质量，推动青枣产业向高产、优质、高效的目标迈进。

（三）产供销脱节，流通渠道不畅

近年来，市场上青枣鲜果的售价颇高，在一定程度上刺激了栽培面积的快速增加。但目前国内的青枣生产主要还是以农户分散经营为主，与之相配套的供销体系尚未建立健全。随着青枣栽培面积的快速增加和产量的快速增长，卖果难的矛盾将日益突出。此外，由于青枣种植在我国起步较晚，让大多数消费者了解和接受还需时日。随着人民生活水平日益提高，对水果品种多样化的需求也越来越高，加之种植者和媒体的积极推介，相信青枣能很快成为畅销水果。

要做强做大青枣产业，就需要进一步加大政策的支持和财政的扶持力度，尤其是在产业宣传、产品销售平台搭建、果品采收后的商品化处理、包装和品牌建设等方面给予资金扶持，从而加快推进青枣产业的升级。近年来，在我国经济发达地区出现了一些规模化、专业化青枣园。在农业产业化经营得好的地方，已出现"公司+农户""公司+专业合作经济组织+农户""专业合作经济组织+农户"以及"其他中介组织+农户"等多种经营组织形式，积极鼓励与支持农民"龙头企业"开发商、种植大户和农民专业合作组织的成片开发，形成规模化经营发展格局。通过不断拓展这些经营组织及其他多种渠道，果农卖果难的问题可以逐步得到解决。

（四）缺乏品牌效应

国内某些青枣主产区的青枣虽然品种好，但由于品牌意识淡薄，没有注册商标来保护品牌，致使销往全国各大中城市的优良青枣品种缺乏品牌效应，经常出现被其他低劣品种的青枣冒充的现象，影响了其优质青枣的口碑。因此，对好的青枣品种应及时注册商标进行保护，所有外销青枣都必须以品牌包装方式销售。加大品牌宣传力度，扩大其优质青枣在全国范围内的知名度和影响力，增强市场竞争力，促进产业可持续发展。

第二章　青枣的主要品种

我国大陆传统栽培的青枣品种在品质上均较低，除了用于饲养紫胶虫等外，作为鲜食用途的则很少种植。目前生产上栽培的青枣品种主要引自缅甸和我国台湾省。从缅甸引入的青枣生产上统称为缅甸品种群，而从我国台湾省引入的则统称为台湾品种群，此外还有少数从印度引入的被统称为印度品种群。我国过去习惯上将缅甸品种群青枣分为长叶枣和圆叶枣两大品种。20世纪90年代末期，我国农业科技部门以及来大陆投资的台商积极引进多个台湾青枣优良品种，其中以高朗1号品质最好、最优。由于台湾品种群的果实品质和丰产性能均优于缅甸品种群和印度品种群，因此推广青枣品种时应首选台湾品种群。

一、台湾品种群

青枣在自然条件下容易发生芽变和自然杂交，而产生新的变异。但在台湾果农和科技工作者的精心选育下，青枣品种不断更新换代，新品种层出不穷，已成为我国台湾地区的一种重要水果。

（一）高朗1号

"高朗1号"品种又称"五十种"，1992年在屏东县高朗乡选育出，因当时在台湾每个接穗价为50元新台币而得名，又因该品种在台湾高朗村选出，故名为高朗1号。该品种植株生长旺盛，枝刺最少且短小，大部分节位上无刺，节间长4~5 cm；花期为5月上旬至11月下旬；叶卵形，叶片大，叶面不甚平整，抗白粉病。果实呈长椭圆形，果大，单果重在100~160 g之间；果皮鲜绿，光滑且薄；果肉白色，肉质细嫩，味清甜多汁，含糖量为12％~14％，可溶性固形物含量为12.5％~15.0％，口感好。该品种品质优良，产量高，耐贮藏，早熟、晚熟或贮放后果肉不变软，鲜食品质最佳，是目前青枣中园艺性状最好的品种。该品种成熟早，华南地区一般在11月上旬至第二年2月中旬成熟，重庆地区在12月上旬开始成熟，干热地区在9月中旬就能上市，从开花到果熟历时120天，是最受消费者和种植者欢迎的品种。在目前市场中，该品种的占有率高达90％左右，具有较大的市场潜力。

（二）碧云

"碧云"品种又称"白云种"。该品种为台湾1982年选育的优良品种，1992年前为台湾栽培面积最大的品种。果实呈长卵形，果皮呈淡绿色且薄，果肉乳白色，青熟时略涩，黄熟后脆甜。该品种若在老果园或管理不善的地区，则结果不良且呈"珠粒果"；若在精细管理下，则单果重可达120 g，平均单果重约57.1 g，种子重2.5 g，含糖量为14.69%。果实一般在11月下旬至翌年3月中旬成熟，品质较好，目前多作为授粉树。

（三）红云

"红云"品种为"碧云"品种的变异种，1987年选自台湾大社果农枣园。果实呈长椭圆形，果皮呈黄绿色且薄，果肉白色，味清甜无涩味，肉质细，品质良好，平均单果重50~96 g，含糖量为12.9%（果实成熟后期可达14%）。果实成熟期为11月中旬至翌年3月下旬。

（四）金龙

"金龙"品种是1990年选出的优良品种。该品种的枝条细软，刺较少，叶形狭长，深绿色，分枝密，分枝节间长3~4 cm。开花期从6月下旬到11月下旬，果实成熟期从12月中旬到翌年2月下旬，从开花到果实成熟约为130天。果实呈长椭圆形，早期青绿色，成熟后黄绿色，单果重40~50 g，最大可达75 g，味酸甜爽口。该品种丰产性好，管理良好的当年每亩（1亩＝667 m²）产量可达800 kg，三年生树可达3000 kg以上，是适合于鲜食和加工的优良品种。但此品种果实易褐变，不耐贮藏。由于新品种的不断推出，其栽培面积不断减少。

（五）肉龙

"肉龙"品种为台湾燕巢的一位潘姓果农于1984年从泰国蜜枣的实生苗中选育出的新品种，始名为泰国变异种，1986年因其昵称"肉龙"而得名。该品种具有酸甜浓烈的枣味，广泛被消费者所喜爱。果实成熟期12月下旬至翌年3月上旬，1月中旬采收的果实品质最佳，含糖量可达15%。果实呈长尖橄榄形，果重49~60 g以上，酸甜适中，质脆且细嫩，风味佳，品质优良。但由于该品种具有泰国种甜枣之血缘，果园干湿管理不当时，常有结果少和裂果现象，目前生产上栽培较少。

（六）特龙

"特龙"品种俗称"青皮种"或"青云种"。该品种选自台湾燕巢农家果园，并先后在燕巢大社、阿莲、田寮、高树等地种植，颇受欢迎。果实呈椭圆形，果尖有棕黄色点，果皮为绿色且光滑，肉白，味无酸涩味，质脆。该品种为近年来台湾的优良品种，产量高，结果率良好，含糖量可高达14.2%，通常为12%左右，单果重80~100 g左右。果实成熟期一般在12月上旬至翌年3月中旬。由于其极不耐贮藏，目前仅有极少量的栽培。

（七）黄冠

"黄冠"品种由台湾阿莲的一位杨姓果农所选出，于 1989—1990 年开始试种。该品种植株生长旺盛，叶大，平均单果重 120~160 g。早期果实呈扁圆形，两端稍凹，至成熟期呈苹果形，果皮呈黄绿色，唯有向阳处略为鲜红色，果肉白色，味清淡，质细且脆，耐贮运，含糖量一般在 11.4% 左右。果实成熟期为 11 月下旬至翌年 3 月上旬。

（八）世纪枣

"世纪枣"品种是在 1989 年由"特龙"品种和"斧头"品种杂交的实生苗中选育出来的。该品种植株生长势强，节间稍长，枝梢略软而下垂，主干上刺较短而少，结果枝上无刺或为软刺，叶色浓绿，呈长椭圆形，叶肉稍厚。果实呈长卵圆形，果皮薄且青绿色，果肉细嫩，清甜，清脆多汁，富含水分，即使完全成熟，果肉依然清脆可口，口感佳，可与 20 世纪梨相媲美，故以"世纪枣"命名。但果实有裂果或果蒂易发生腐烂的现象。单果重 100~130 g，结果性能稳定，抗白粉病。一般果实成熟期为 10 月中旬至翌年 2 月上旬。

（九）新世纪

"新世纪"品种为近年来选育出的一个新品种。果实与"高朗 1 号"极相似，单从其外观及大小是很难区别的，平均单果重 120 g 左右，含糖量可达 13%，果皮薄，果肉清甜多汁且无酸味，由于结果枝上无刺或刺软，管理上比较方便。其缺点是果实顶部易黄化腐烂，货架期短，果皮较粗糙且易裂果。

（十）玉冠

"玉冠"品种为近年推出的新品种，优点与"高朗 1 号"相似，但果型较小，平均单果重 105 g 左右，易感白粉病，果皮较粗糙。其优点是果实较晚熟，可以与高朗 1 号品种搭配栽培，以错开产期，分散市场压力。

（十一）中甲

"中甲"品种是从台湾阿莲果农枣园中选育出的，又称为"霸王种"。果实呈长椭圆形，果皮为绿黄色，有光泽，是现有品种中外观最好的品种。单果重 73~117 g 左右，含糖量一般在 12.1% 左右，果肉略带涩味，酸味较浓，品质风味较佳，耐贮运。一般果实成熟期为 12 月上旬至翌年 3 月中旬。

（十二）阿莲

"阿莲"品种是从台湾阿莲果农枣园中选育出的。其果实形状扁平，果皮为黄绿色，果肉白色，质细且脆，味清甜。单果重 69 g 左右，含糖量可达 13.6%。此品种早花结果率高，在现有品种中为结果率最高的品种之一，颇适合于早期生产，且不带涩味。果实成熟期一般在 11 月上旬至翌年 2 月下旬。

（十三）福枣

"福枣"品种又名"福精枣子"，果实呈扁圆形，两端稍凹，果皮为绿色，肉质疏松，白色，味酸涩。平均单果重 70~110 g，含糖量可达 15％，品质中上等。一般果实成熟期在 11 月下旬至翌年 3 月下旬。

（十四）五千种

"五千种"品种是从实生苗中选育出的，因果大、味甜、每株枣苗卖价五千元而得名。该品种在 1982 年大量嫁接种植，并在 1983 年台湾大社乡农会枣子评比中夺魁，从而远近闻名。平均单果重 70 g 左右，果实呈卵圆形，果皮为淡绿色，黄熟后为黄绿色，果肉白色且味甜，结果率高，绿熟后品质最佳，黄熟后果肉松软。果实成熟期一般在 12 月上旬至翌年 3 月中旬。

（十五）斧头

"斧头"品种的果实呈长卵形，果皮为绿黄色且有光泽，肉色白，品质佳，味略酸，未完全成熟的果实略含青涩味。平均单果重在 60~109 g 之间，含糖量一般在 11.4％左右，较耐贮运。果实成熟期一般在 11 月下旬至翌年 3 月中旬。

（十六）Tj－10

"Tj－10"品种为台湾凤山热带果树分所从泰国蜜枣实生树中选育出的新品种。果实呈卵形，绿熟时浓绿色，黄熟后转为黄绿色，果皮略厚，果肉呈白色，质脆味甜，品质特优，含糖量一般在 13％~16％之间。一般果实成熟期在 11 月中旬至翌年 2 月上旬。

（十七）加落崎种

"加落崎种"品种是"梨仔枣"的早生品种。该品种果实于 9 月中旬开始采收，而翌年 1 月下旬的果实品质最佳，含糖量一般在 11.9％左右，10 月上旬采收的果实含糖量仅为 10％左右。平均单果重 48 g，果实呈椭圆形，果皮为绿色。本品种种于台湾燕巢地区，因此地区气候特殊而品质佳。

（十八）金车种

"金车种"品种生长势强，较晚熟。果实略呈圆形，果皮为浓绿色且较厚，果肉白色且质脆，品质优良。平均单果重为 62~108 g，含糖量为 11.8％~12.8％。果实一般成熟期在 12 月下旬至翌年 3 月下旬。

（十九）大叶种

"大叶种"品种植株生长势强，直立，叶大浓绿。平均单果重 52 g 左右，果实呈卵圆形，成熟果实为淡绿色，味清淡，果肉白色且质脆，含糖量一般在 11％左右，品质优良，但过熟的果实肉质较松软。果实成熟期一般在 12 月中旬至翌年 3 月上旬。

（二十）泰国蜜枣

"泰国蜜枣"品种是从泰国引进的实生变异种。树枝直、多刺且锐利。果实呈橄榄形，较晚生，果皮薄，有光泽，绿熟时带青涩味，成熟后脆甜，果较中等大小，平均单果重在 47 g 左右，含糖量一般在 17％左右，品质佳。由于着果率

差，果实相对其他品种较小且易裂果，目前栽种较少。果实一般成熟于 11 月上旬至翌年 3 月上旬。

（二十一）梨仔枣

"梨仔枣"品种又称"丑仔种"。其果肉白色，带酸涩味，一般为早熟品种，最早可在 9 月中旬采收，品质较差。在 1 月底以后采收的果实，含糖量一般为 11% 左右，肉较松软。果实的适宜采收期在 12 月份。

（二十二）直成种

"直成种"品种又称"致生种""日升种""白皮种"或称"嘉莉种"。其植株生长势强，丰产。果实呈圆形，果皮为淡黄绿色，果肉白色且略带涩味，一般单果重 68 g 左右，含糖量一般 13% 左右，品质中等。果实成熟期一般在 12 月上旬至翌年 3 月中旬。

以上 22 个品种耐寒力强，当气候下降至 −5℃ 至 −10℃ 时，植株仍不会受冻害，又耐高温，可在热带、亚热带地区种植。

二、印度品种群

青枣在印度栽培面积最大，品种多达 100 多个。其中较优的品种分别是 Sanaur 系列（1~6），Pathani，Mirchia，Laddu Rashmi，Rohtaki gola Desi Alwar，Banarsi，Banarsi Pewandi Narikeli，Thornless，Kaithli，Kaka gola，Surti，Seo，Katha gurgaon Sekected Safeda，Gorva，Bahadurgarhi，Sanchura Narnaul，Wallaiti，Chhuhara，Danda Chinese，Katha phul，Glory，Nazuk，Nalagarh Zg 系列（2~4），Noki，Umran，Illaichi，Golar，safeda，katha Bombay，而种植比较多的品种为 Umran。

（一）Umran

Umran 是一个较高产的晚熟品种，最高株产可达 250 kg。树冠开展，叶顶钝圆，叶基尖削，叶片卵形，叶顶或近叶顶部扭曲，叶色深绿，果实卵形，梗洼不明显，表面光滑，成熟后为金黄色。果实属于大果型，平均单果重 32.5~60.0 g，可溶性固形物可高达 19.5%，有机酸为 0.28%~0.33%，可食率为 96.4%。

（二）Kaithli

该品种在印度的 Haryana 和 Punjab 是一个十分流行的品种，是由 Haryana 省的 Kaithli 地区选育出的，属中熟品种。其枝条直立，叶卵形，叶基尖削，叶顶弧形、卵形或倒卵形，叶尖或钝圆。果实形状美观，呈卵形或椭圆形，成熟后为浅黄色。平均单果重 17~22 g，可溶性固形物为 17.4%~18.5%，有机酸为 0.14%，可食率为 97%。

（三）Gola

该品种是一个早熟品种，商品性状较好。其枝条直立，叶顶钝圆，叶基尖削，叶倒卵形，叶顶轻微卷曲。果实呈卵圆形，成熟后为浅黄色，果肉乳白色，脆甜。平均单果重 25 g 左右，可溶性固形物为 16%～20%，有机酸为 0.14%～0.25%，维生素 C 含量十分丰富，每百克果肉含量为 70～140 mg。

（四）Sanaur－5

该品种在 Punjab 是一个主栽品种，属于中熟品种。其枝条直立，叶顶略尖至急尖，叶基圆，叶片呈卵形，略尖削，叶色深绿。果实呈圆形或圆锥形，果实顶部有明显果点，具梗洼，成熟后为黄绿色。平均单果重为 15.5～18.0 g，可溶性固形物为 20.5%，有机酸为 0.28%，可食率为 92%。

三、缅甸品种群

缅甸品种群主要有两个类型，即圆叶种和长叶种。

（一）圆叶种

圆叶种树势较强，枝干结实且较疏朗，叶形较圆。果实扁圆形，似苹果，果实较大，一般 25～28 g，最大 40 g。果面不如长叶种平滑，成熟前果皮深绿色，较厚，蜡质光滑，味淡，略带涩味，果皮转为淡绿或淡黄色时视为果实已成熟，风味较好；过熟后，果皮呈深黄色或黄色，枣酸味也变淡。

（二）长叶种

长叶种树势也较强，枝干较密、较柔软，叶长形。果实较长，呈橄榄形，果较小，一般果重在 20 g 左右，果皮较薄，风味好，可溶性固形物含量 10%～13%，果肉清甜、可口，并带有奶油似的香味。但是，该品种抗病能力差。

与台湾品种群相比，缅甸品种虽然略高产，但因其果小且外形不够美观等原因，综合商品性状较差，因此目前在生产上较难推广。

不同青枣品种园艺学性状对比情况见表 2－1。

表 2－1　不同青枣品种园艺学性状

品种	叶片长×宽（cm）	叶色	种子饱满率（%）	成熟期	抗白粉病能力	逆境结果能力	单果重（g）	果实风味	可溶性固形物（%）	可滴定酸（%）	维生素 C（mg/100g）
五千种	10.6×6.9	浓绿	16.1	早熟	较抗	较差	75.6	脆甜，无残皮感	13.0	0.28	3.90
福枣	9.2×7.0	浓绿	35.0	早中熟	易感	较差	52.5	脆甜，有残皮感，有枣味	12.3	0.34	1.00
黄冠	9.5×6.4	浓绿	55.7	晚熟	较易感	较好	76.6	风味淡	7.8	0.19	0.52

续表2—1

品种	叶片长×宽（cm）	叶色	种子饱满率（%）	成熟期	抗白粉病能力	逆境结果能力	单果重（g）	果实风味	可溶性固形物（%）	可滴定酸（%）	维生素C（mg/100g）
Tj—10	8.8×5.0	绿色	70.6	早中熟	较抗	较差	63.0	脆甜，无残皮感	12.6	0.21	6.20
肉龙	8.9×5.1	浓绿	24.3	中熟	较抗	较差	38.2	脆甜，有枣味	12.9	0.17	0.75
碧云	8.3×5.9	浓绿	63.0	中晚熟	易感	较差	38.0	脆甜，稍有残皮感	15.2	0.31	4.80
泰国蜜枣	8.9×6.7	浓绿	33.1	中晚熟	易感	较差	61.1	皮厚而脆，味淡	13.1	0.32	13.50
缅甸圆叶种	8.4×6.4	浓绿	65.6	早中熟	较抗	较好	28.2	脆，酸味重，有奶油香味	12.0	0.70	30.70

第三章 青枣的生物学特性

一、植物学形态特征

青枣为常绿或落叶灌木或小乔木，其形态特征如图3-1所示。幼枝被黄灰色密绒毛；小枝被短柔毛；老枝紫红色，有托叶刺2个，一个斜上，另一个钩状下弯。叶纸质或厚纸质，卵形或椭圆形，顶端圆形，基部近圆形，稍偏斜，边缘具细锯齿；叶上面深绿色，无毛，有光泽，下面被黄毛或灰白色绒毛；叶基生3出脉，叶脉在上面下陷，其下有明显的网脉；叶柄被灰黄色密绒毛。花黄绿色，两性，五基数，数个或十余个密集成近无总花梗或具短总花梗的腋生二歧聚伞花序，花梗被灰黄色绒毛；萼片卵状三角形，顶端尖，外面被毛；花瓣矩圆状匙形，基部具爪；雄蕊与花瓣近等长，花盘厚，肉质，十裂，中央凹陷，子房球形，无毛，二室，每室有一胚珠，花柱二浅裂至半裂。核果矩圆形或球形，橙色或红色，成熟时变黑色，有光泽，二室，具有一或二种子；果梗被短柔毛；中果皮薄，木栓质，内果皮厚，硬革质。

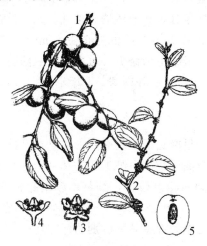

图3-1 青枣

1-果枝 2-花枝 3-花

4-花剖面 5-果纵剖面

（一）根

青枣属浅根性果树，但根系十分发达，大部分根群分布在浅土层，吸收能力强。实生树根系发达、直生、入土深、侧根较多。生长初期，实生苗的垂直根生长明显强于水平根。1～2年生实生苗根系的分布具有两个明显的层次：第一层的骨干根呈水平分布，其上侧根围绕水平分布的骨干根向各个方向生长，这一层在纵剖面上占据的范围很小，只是在近地面10 cm之内；第二层的骨干根呈斜下垂直生长，这一层内又可以分为两层，即上层的侧根或须根水平分布或趋于水平，而下层的侧根或须根斜下，在纵剖面内第二层的下层所占比例最大。1年生实生苗根系分布范围一般可达1.5 m左右，水平分布范围也达70～100 cm左右。而嫁接树苗经过移栽切断了主根，尤其在设施栽培条件下，根系的分布变浅，根群分布主要集中在浅土层。

（二）茎

青枣为常绿或落叶小乔木，枝干发达，斜向生长。实生砧树主干明显，直立粗壮，树皮较厚，表皮粗糙常有纵裂纹。嫁接树主枝长势因品种而异，树冠自然开心形，主枝明显，较为开张。树干或老枝呈浅灰色或深灰色，树皮片裂或龟裂。枝条各节有托叶刺和钩状刺。结果枝为绿色，纤细柔软，落叶后干枯自然脱落。青枣梢枝呈连续生长，只要气温适宜，顶芽即向上生长，并随之萌发侧枝，萌芽力强，抽枝旺盛。其主枝多由主干的侧芽抽出，生长迅速，但生长方向较乱，当年能多次抽生大量新梢，1年可抽新梢5～10次。在北方的设施栽培条件下，一般可抽枝3～5次，枝量大。因其枝尖削度小，负载量低，枝多呈斜向生长甚至下垂状，尤其是坐果后。因此，其树冠紊乱，生长量大，应注意整形修剪和设支架保护，以改善枝条分布和通风透光条件。尤其是在设施栽培条件下，栽植密度大，加强整形修剪和支架保护更为必要。同时，青枣隐芽数量多、寿命长，萌芽力和抽枝力强，极耐更新修剪，可进行去冠修剪。强修剪后，当年又可形成4～5次分枝，即可恢复树冠和树势，1年生新梢可长达1.5～3 m，并可实现成花和丰产。

（三）叶

青枣叶为单叶互生，呈椭圆形或长椭圆形，且自基部有3条明显叶脉。叶面为深绿色，有光泽，叶背面被灰白色绒毛，是其名"毛叶枣"的由来。叶缘锯齿状，叶的大小因品种不同而相差较大，缅甸、越南品种明显小于台湾品种。例如，缅甸圆叶种，叶长6.5 cm、宽5.7 cm，而台湾福枣种，叶长9.8 cm、宽7.5 cm。因此，叶形又可作为青枣品种辨别的标志之一。

（四）花

青枣花朵属于两性完全花类型，为不完全的聚伞形花序，腋生于当年生结果枝条上。花序轴较短，仅为2～5 mm，一个花序着生小花8～26枚，花梗长

4~8 mm，花径 6 mm，花小而量大。青枣花具有典型的虫媒花特点，由雄蕊和雌蕊、花盘、花瓣、花萼、花柄组成。萼片 5 裂，先端尖锐，为黄绿色。花瓣与花萼同数互生，瓣片匙状，上端向内凹。雄蕊 5 枚，与花瓣对生。花的开放具有一定规律，靠近枝条基部的花最先开放，然后沿着枝条依次向上逐渐开放。青枣的花期很长，从每年的 4 月至 11 月陆续有花开放，但主要的花期因品种不同而有较大差别。全树花朵分期分批多次开放，其中以春花坐果率和秋花坐果率较高，其他时期开的花坐果率低。

青枣花芽在当年生枝条上孕育属多次分化型。花芽极易形成，具有花芽当年分化、分化快且连续分化、多次分化、分化持续时间长，以及当年形成、当年开花、分批开花、花量大、花果同枝的特性。花芽分化与枝梢生长同步进行，一年可多次开花、多次结果。

青枣小花花芽刚开始发育时呈紧缩的簇状，芽圆形，被细密的白色绒毛覆盖；芽逐渐长大，呈卵形，花梗可见，白色绒毛变成暗褐色；花芽逐渐呈球形而花梗为淡绿色。之后，花芽分化出 10 个纵向的凹陷，顶部中央也出现 1 个凹陷。随着花芽进一步增大，花梗轻微弯曲，芽的颜色转变为黄白色，凹陷更为明显。芽顶部中央裂开，花朵初步开放，但雄蕊仍被包裹于白色的花瓣中，萼片展平后花瓣与雄蕊分离，之后花瓣展平，雄蕊展开、直立，柱头呈明显突起。最后，雄蕊下垂，柱头萎蔫，花瓣枯萎。花芽开始分化到分化完成需要 20 天左右。

经过受精的花，子房开始膨大，发育十分迅速，而未受精或胚不发育的子房，开花后 4~5 天开始随花凋萎脱落。果实长至 1.5 cm 左右时，因种子发育而生长缓慢，此期为硬核期，后期又快速发育。从开花至果实成熟需 110~150 天，早熟品种需 110~120 天，晚熟品种需 130~150 天。成熟期从每年的 9 月至翌年 3 月。但成熟期多集中在 12 月至翌年 2 月。3~4 次分枝上开的花花期晚，坐果率低，且果实太小，不具备生产价值。由于前期坐果已经能够满足生产需要，因而应该尽早将其疏除，以减少树体营养消耗。

（五）果实

青枣为核果，单果重 10~200 g，目前生产上栽培品种多数在 70 g 以上，高朗 1 号、福脆枣等多在 100 g 以上。果实的形状多呈卵圆形、长椭圆形等；果皮为绿色，成熟时为浅黄色；果肉乳白色，口感脆甜、清爽、多汁。果核 1 枚，有坚硬的核壳，具凹凸不规则的龟纹，内有二室，通常仅有一种胚发育完全，而另一种胚退化。

二、生长发育特性

自然状况下，青枣一般在 3 月中旬开始抽芽，初期从二次枝上抽生结果枝。雨季到来后大量抽生发育枝（骑马枝），发育枝生长快，春、夏、秋梢连续生长，

至 10 月底才基本停止生长。这部分枝条生长点大，可选留部分作为骨干枝来更新树冠。青枣开花期长，除冬季采果、换叶期外，一年四季几乎均可见开花，以 5 月初至 6 月上旬较为集中，这批花形成第一批果实（但坐果率低），8 月至 9 月果实成熟（2 月至 3 月进行主干更新的植株，则多数只开花不坐果），9 月至 10 月又进入主花期，这批花坐果率较高，翌年 1 月至 2 月果实大量成熟。

（一）枝梢生长特性

青枣在热带、亚热带地区表现出全年连续生长的习性，只要温度适合，顶芽即向前生长，并随之萌生侧枝。青枣枝条每长 3 节就肋骨状互生一分枝，在分枝上也是每隔 3 节互生一次级分枝，最终在枝干层次上形成主干、一级分枝（主枝）、二级分枝、三级分枝等。青枣的骨干枝由根基上部萌发而出，主枝较细软，易弯曲，向外生长易形成疏散的自然开心形树冠。枣的叶序为互生，二次枝的排列呈水平状。在同一枝干上，下部的二次枝较弱，多为直接结果枝，中部的二次枝生长较强壮，顶部的二次枝也较弱，多为水平或弯曲下垂生长。在枣树的二次枝上着生同样排列的三次枝（结果枝），结果枝纤细，一般水平或下垂生长，为枣的主要结果部位。

结果的青枣树在果实采收后，若不及时回缩修剪，则会在上一年的主干或主枝上萌发出长且壮的骑马枝（约 2～3 m 长，在其上继续形成分枝），自然更新原有的枝组，造成树冠凌乱、荫蔽，而上年的结果枝一部分会自然脱落，一部分则会在其上抽出短且纤弱的枝梢，形成内膛结果枝。基于这一特性，青枣在早春采收果实后，一般应将嫁接口以上部分锯掉，重新培育生长健壮、层次分明的结果枝组。每年 3 月回缩修剪的植株，经过 5 个月的生长，一般在层次上可形成三、四级分枝。第三、四级分枝是主要结果枝，大量挂果的末级枝在果实发育期一般不再萌发新枝，不再继续形成下一级分枝。据相关资料报道，对 1 年生青枣枝梢生长的观察，一级分枝的长度约为 214 cm，平均抽生 16 条二级分枝；二级分枝的长度约为 125 cm，抽生 9 条三级分枝；三级分枝的长度约为 50 cm，茎粗在 0.4 cm 以下，是主要结果母枝。

（二）开花习性

1. 开花顺序

花芽在 1 年生或当年生枝条上孕育，花为腋生聚伞花序，靠近枝条基部的花最先开放，然后沿着枝条依次向上逐渐开放。

2. 花芽发育

花芽最初发育时非常小，呈紧缩的簇状，芽圆形，为细小白色的绒毛所覆盖。随着簇的生长，芽也随之长大并呈卵形，花梗开始逐渐清晰。一些白绒毛变成暗褐色，嵌生于花瓣里的雄蕊被包裹在芽片中。此时，还看不到柱头，花芽逐渐成为球形而花梗呈现淡绿色。这时，如果切开芽，就会发现柱头仅为一个微小的凸起。经过一段时间，芽分化出 5 个径向的凹陷，顶部中央也出现一个凹陷。这个阶段，柱头的分化更为清楚。此后，芽会进一步增大，花梗轻微弯曲，芽的颜色变为完全的苍白色，凹陷也变得更为明显，顶部中央裂开后花就会开放。但一段时间内，雄蕊仍会包在白色的花瓣里，在开放的花朵中柱头呈明显的凸起。从开始分化到分化完成大约需要 20~22 天。

3. 开花与花药开裂

青枣花的开放为昼开型，即 6—8 时初开，8—11 时盛开，12 时后很少裂蕾。整株青枣树开花几乎是在一个固定的时间开始的，花完全开放大约需要 3~4 小时。在绝大多数情况下，开花后 4 小时即雄蕊在花瓣中出现后，花药便会开裂。温度的升高会加快开花及花药开裂的进程。

4. 花粉粒的形状与大小

新鲜的青枣花粉是一个黄色的颗粒。显微镜检测显示，其外形从三角形到卵形变化不等，表面光滑干净。花粉粒的大小在不同的条件下呈现不同，在湿润的条件下，花粉粒会膨大，变化幅度约为 4%~9%。

5. 柱头的亲和性

柱头在开花时是一个微小的凸起，此后逐渐变长。柱头分泌物一般在开花后 6~8 小时出现，但柱头表面呈现完全黏稠则是在开花后 24 小时，这个时期是柱头亲和性最强的时期。开花 32 小时后，柱头开始萎缩，变为苍白色，此后干枯。

（三）果实发育

青枣花为虫媒花，传粉昆虫以蝇类、蜜蜂为主，授粉过程一般在开花当天完成。经过受精的花，子房开始膨大，发育十分迅速，而未受精或胚不发育的子房开花后 4~5 天开始随花凋萎脱落。果实长至 1.5 cm 左右时，因种子发育而生长缓慢，此期又称为硬核期，之后又快速发育。果实生长型为核果类典型的单"S"形，果实发育期的长短因品种而异。从开花至果实成熟需要 110~150 天，早熟品种需要 110~120 天，晚熟品种需要 130~150 天。因此，果实的成熟期从每年 9 月至翌年 3 月，大多集中在每年 12 月至翌年 2 月。

三、青枣对环境条件的要求

（一）光照

青枣是典型的阳光性植物，整个生长发育期都需要充足的阳光。若光照充足，可以加强其光合作用，植株生长旺盛，有机物积累增加，呼吸消耗减少，有利于花芽的分化，植株生长较快，开花量大，坐果率高，果实产量高，着色好，糖含量和维生素含量高。在荫蔽条件下，不但青枣结果量减少，而且果实品质下降。青枣年日照时数大约需要 2000 小时以上。

（二）温度

青枣属热带、亚热带常绿小乔木果树，气温是其栽培限制的主要因素之一，特别是冬季的气温，是青枣生长的主要限制因子。青枣在年平均气温 18℃ 以上的热带、亚热带地区种植表现极好，最适宜生长温度为 20℃～35℃，15℃ 以下生长放慢，冬季最低气温在 0℃ 左右对树体、花果均无不良影响，霜期不超过 15 天。若日平均温度达 18℃ 时，芽萌发量多，新梢生长快；若日平均温度低于 18℃ 时，花延迟开放；若日平均温度低于 15℃ 时，则极少有萌芽和抽梢。冬季气温降至 −10℃ 时，青枣地上部分会遭受严重的冻害。

（三）降水

由于青枣枝叶较为茂盛，植株的营养面积大，整个生长发育过程需要的水分也较多，但青枣根系发达，抗旱能力强，只要年降雨量在 500 毫米以上、相对湿度大于 50％ 的地区都能正常生长和开花结果。当然，在水分充足、有灌溉条件的地方，青枣生长结果会更好；过于干旱的地区，则会因枝梢生长量少、果实小、质地粉，而降低青枣商品性。

干旱的季节，特别是开花期和幼果期，一定要保持土壤湿润，相对湿度保持在 60％～85％，否则会影响果实生长。例如，在干旱的山坡地种植，若不能解决灌溉问题，则会造成果树树体缺水而生长缓慢，从而导致果实小、品质差、产量低。因此，在干旱季节，应及时适当灌水，以促梢促花。青枣若在地下水位高、积水严重的地方种植，也会出现生长缓慢现象，而导致根的活性低。在浸水程度严重时，根会腐烂且发生落叶，树势衰弱，并伴随着坐果率降低、病虫害发生严重、产量及品质降低，甚至会出现烂根死苗的现象。因此，在多雨季节青枣果园要注意排水，防止果园内积水。此外，青枣果园在结果期要保持湿润，骤干骤湿均容易导致严重的落果现象发生。

（四）土壤

青枣对土壤要求不严，在微碱性至酸性的沙土、黏土、石砾土、壤土等多种土壤类型中均能生长。所以，除重盐碱地外，几乎所有的土壤条件均适合青枣的种植。但是，在排水良好、土层深厚、疏松肥沃的沙土或沙壤土中栽培青枣会更好，这样植株生长旺盛，果实品质良好。

（五）风

青枣枝条长、软、脆，抗风能力弱，因而应种植在台风不易到达的地区。挂果期应搭架，防止枝条断裂。此外，在回缩修剪后，从剪口处抽出的肥大、幼嫩的芽条极易受风害而从基部断离主干，因而必须立柱支撑。

第四章　青枣的苗木繁殖技术

选择和培育良种是青枣优质丰产栽培获得成功的基础。果树的苗木繁殖包括有性繁殖（实生繁殖）和无性繁殖（营养繁殖、圈枝、靠接、扦插、嫁接等）两种。实生繁殖法是通过直接播种种子获得幼苗，虽然简便易行，但所得到的后代变异较大，并且需要经过较长童期后才能进入正常开花结果期，因而实生繁殖法很少采用。为了使品种或植株的优良性状得以保留，后代性状保持整齐一致，果农也曾使用圈枝、靠接等无性繁殖方法，但因浪费繁殖材料和影响母树产量以及繁殖系数低、繁殖速度慢等原因，现在已很少采用。青枣实生苗变异大，近些年来采用芽接、枝接等嫁接法育苗，取得了较好的效果，并且因其既简便、快速，又能提早结果（定植后当年即可结果），以及能较一致地保持母本的优良性状而被普遍采用。

一、砧木苗的培育

嫁接是通过播种来培育砧木苗。播种育苗的步骤包括苗圃的选择与整地、采种及种子处理、催芽、播种、间苗移栽或分床移植以及砧木苗的管理和出苗。

（一）苗圃的选择与整地

苗圃地条件的好坏是直接关系到能否培育出健壮嫁接苗的首要条件。对苗圃地的选择应从具体情况出发，因地制宜，选择背北向南、阳光充足和稍有倾斜的缓坡地；选择水源方便、排灌良好、地下水位在1 m以下（忌积水，不宜选用低洼地）；选择土层深厚、结构良好、有机质含量高、土壤pH值5.5~6.5的壤土或沙壤土。苗圃地必须距青枣果园500 m以上，以减少病虫害的传播，培育无病虫害苗木。常有霜冻的地区、容易沉积冷空气的洼地或山谷，幼苗易受冻害，也不宜选作苗圃地。沙土由于保水保肥性差，苗木易受干旱和太阳灼伤，生长差，不利于培育壮苗；黏土则透气排水性能差，土壤易板结，会造成根系生长不良，起苗时伤根多，定植成活率低。此外，青枣苗圃地不宜长期连作，否则会引起其地力下降，病虫害严重，对苗木生长不利。

苗圃地应全垦，全面清除铁线草、香附子等恶性杂草，应三犁三耙，务求土壤细碎。在缓坡地按等高起畦，并开出排灌沟以利于灌水、排除积水和防止冲

刷。一般畦床可修成长 10 m，宽 80～100 cm，高 20～25 cm，畦间留 40～50 cm，以便管理。苗圃地必须施足基肥，以保证苗木生长健壮。每亩应施腐熟禽畜粪、堆肥或蘑菇渣 3000～4000 kg，结合犁地与土壤混匀。准备稻草、沙子、遮阳网等覆盖物，以便播种时用。

（二）采种及种子处理

谢江辉（1996）与印度的 Bal J.S 均做了青枣砧木的筛选研究，并得出一致的结论。他们认为，青枣使用本砧的嫁接苗，其生长势、产量和品质均显著高于酸枣、大枣及小西西果等，故青枣应用本砧作为砧木效果最好。所谓本砧，就是用与栽培品种同种的野生种的种子播种后所长出的实生苗作为砧木。青枣不同品种间发芽率有差异，应通过发芽试验决定选用哪一品种。

砧木的种子要从生长健壮、结果多、无病虫害、优良的实生树的母树上采集。待果实充分成熟后，在种仁饱满时采摘果大、均匀、端正的果实，一般宜在冬、春季（每年 12 月至翌年 3 月）采集。果实采收后应及时去除果肉，取出种核，洗净晒干（忌烈日曝晒）后贮藏备用。种子存放在阴凉通风处待播，也可将待播的种子层层堆积，并在堆积期间经常翻动，以防止温度过高、湿度过大而导致种子失去活力。

青枣种子具有短暂休眠的特性，因此晾干后不宜立即播种。采后即刻播的种子发芽率较低，一般只有 30% 左右；而种子晾干后，密封于塑料袋中，在室温下贮存 6～8 个月后再播种，可大大提高发芽率，苗的长势也好。

由于青枣种子的种壳较硬，不易吸水萌发，所以播种前最好能敲破种壳、烫种或浸种。烫种是用 85℃ 热水烫种（用水量为种子重量的 3 倍），将热水倒入种子中，边倒边搅动使种子受热均匀，热水全倒入后，继续搅动，直到温度降到室温，再用该水浸种 6 小时即可，此后仍浮在水面的种子应剔除。浸种是先用清水将种子浸泡 6～8 小时（捞去浮在水面的种子），取出沥干水，再用 500 倍 70% 甲基托布津液浸泡 20～30 分钟消毒，取出沥干，并晾干其表面的水分。

（三）催芽

经处理后的种子即可催芽。在阴凉、通风、排水良好的地方做一宽 1～1.5 m、沙厚 5～6 cm 的沙床，将种子撒播于沙床上，再覆盖 1 cm 厚的细沙，然后用遮光率 70% 的黑色遮阳网搭棚遮阴。青枣种子怕湿，通过沙床催芽可提高发芽率，破壳的种子一般在播后 1 周便开始发芽，未破壳的种子在播后 3～4 周才开始发芽。为使胚根不至于过长，应根据播种劳力情况错开催芽期，分批催芽。

（四）播种

青枣种子萌发的最佳温度为 30℃ 左右，低于 25℃ 对发芽有影响。因此，一般播种期应选择在春季 3—4 月，此时土温、气温上升快，有利于种子提早萌发和苗木当年快速生长，能保证当年嫁接出圃。过早播种则由于土温偏低，种子出芽慢，易造成烂种，出苗率低，出苗不整齐；过迟播种则影响当年嫁接供苗。因此，当播种量大时，可分批播种。

种子可播到苗床上，也可播到营养杯里。将刚发芽的种子从沙中取出，点到土里，并覆土 1~2 cm。覆土不宜过厚或过薄，若覆土过厚，则幼苗出土困难；若覆土过薄，则种子容易失水死亡，发芽率降低。播种后，应盖上草或农膜，以保湿增温，防止土壤板结。水分不足时，应及时补水，可通过畦间作业沟灌水或畦间喷水，一般盖农膜的苗畦 3~4 天喷水 1 次，盖草的苗畦 2~3 天喷水 1 次。发芽后，应及时揭开农膜或草，以免影响幼苗生长。因种子发芽不整齐，同一批催芽的种子要分 2~3 批播种。苗床上搭小拱架，播种后若遇连续晴天，苗床应用遮阳网覆盖遮阴，下大雨时用塑料薄膜覆盖保护。播种密度为 1 m 畦每行点 12 粒，行距 20~25 cm。

（五）间苗移栽或分床移植

青枣种子播种后，一般经过 15~20 天便开始出苗。条播出苗后，当幼苗长出 3~4 片叶子时，开始按照株距 10~12 cm 将过密的幼苗移出；撒播出苗后，当幼苗长至 4~6 片叶子时进行分床移植。移出的幼苗可栽植于提早准备好的平畦上或移入营养袋中摆放在平畦上。移栽可采用行距 20 cm、株距 15 cm，畦面宽 70 cm 栽植 4 行，以利于嫁接起苗。若是用营养袋移栽育苗，则应选择直径 18 cm、高 25 cm 的营养袋较为适合，营养土则用细沙、土壤、腐熟有机肥按 1∶1∶1 混合，并在配制时用多菌灵消毒。装好土的营养袋按每行 8 袋排列，长度因地而异，一般 15 m 左右为宜，以方便移栽、嫁接和管理，行与行间距 40 cm，两行边及每个营养袋之间用细土填平。

为了提高移苗的整齐度和成苗率，移苗可分批进行，每批选成长一致的苗木移栽于同一苗床，弱苗要另畦培植。移栽后要及时灌水，每天浇水 1 次，如遇高温干旱天气，则需每天上、下午各浇水 1 次，并及时用 70% 的遮阳网遮光降温，以防日灼，确保幼苗成活和恢复其生长，10~15 天后再行揭去。

（六）砧木苗的管理和出苗

1. 遮阴

移植幼苗最好选择阴天，并用 50%~60% 的黑色遮阳网覆盖遮阴，以防日灼，这样可提高成活率，有利于幼苗生长。一般遮阴 1 个月左右。

2. 淋水与施肥

移植后，需经常淋水，保持苗床湿润，使幼苗尽快恢复生长并抽出新梢。为了加快幼苗生长，在幼苗生长至 4 片真叶后或移栽成活并恢复生长后，开始施用沤好的稀薄有机水肥或粪水或 0.5%~1.0% 尿素和氯化钾。此后，每半月或 10 天施肥水 1 次，浓度可随着苗木生长而增加，但应防止由于浓度过高，引起肥害。要经常除草、松土和适时浇水，保持土壤湿润。

3. 防止病虫害

砧木苗的管理还要防止嫩叶、茎、根等部位的病虫害，随时除去基部萌蘖，保留一健壮直立的苗木主干，以利于嫁接。

青枣幼苗生长迅速且分枝力较强，一般从出苗至达到嫁接标准需要100～120天。北方在3—4月播种，大约在6—7月即可达到嫁接要求，此时正值嫁接适宜时期。在幼苗快速生长期间，应注重对幼苗进行多次修枝和摘心处理，并使之通风透光，防止苗木细高、倒伏和滋生病虫害，以利于苗木加粗生长。当苗高达30～45 cm、茎粗达0.4～0.6 cm时，即可用作嫁接砧木。

二、嫁接

在青枣生产中，繁育苗木、改换优良品种多采用嫁接的方法，即采取优良品种植株上的枝或芽接到另一植株的适当部位，使两者结合成新植株。接上去的枝或芽叫作接穗或接芽，与接穗或接芽相接的植株叫作砧木。采用嫁接繁殖的新植株，既能保持其母株的优良性状，又能利用砧木的有利特点（如抗逆性、适应性等），从而达到提早结果、快速繁殖的目的。为保证苗木嫁接成活，首先是选用嫁接亲和力强的砧穗组合，目前青枣嫁接用的砧木多为青枣本砧，在广东、广西用得最多的是短果形的越南白枣；其次是选用充实健壮的砧木和接穗，以利于愈伤组织的形成；再次是选择适宜的嫁接时期，以便创造有利于嫁接成活的温度、湿度等环境条件；最后是熟练的嫁接技术，即要保证接穗削面平滑、形成层对准、绑扎紧严和操作速度快，以利于嫁接伤口愈合和成活。

（一）砧木的标准

砧木的标准化，首要的是培育壮苗。一般情况下，当青枣砧木长到径粗0.5 cm时，便可以进行嫁接，而砧木过小或过大都会影响嫁接成活率。若在3月份播种，则3～4个月后即能达到嫁接标准。

（二）接穗的采集与保存

接穗一般采自优良母株的1年生、充实饱满、无病虫害的健壮枝条，然后从母树树冠外围中、上部选取生长充实、叶芽饱满、生长两个月以上的新梢剪取，而荫蔽的弱枝或刚收果的枝条均不宜采用。因此，一般应建立增殖苗圃专门作为采穗之用。接穗采下后，应将叶片剪去，保留0.3～0.5 cm长的叶柄（但枝接接穗不保留叶柄），并用湿毛巾或用塑料布包好，减少水分蒸发，以保持接穗的新鲜。从外地采取的接穗，要严格检疫，以防止危险病虫害的传播。长途运输时，要挂好标签标明品种，并包装好，防止接穗失水和发热。采回来的接穗应及早嫁接，有条件的可存放在冷库中暂存（5℃～7℃），无冷库的可吊在水井内离水面10 cm处，两天浸1次水或埋到阴凉处的湿沙里。一般情况下，接穗存放3～5天不影响嫁接成活率。

（三）嫁接时期

影响青枣嫁接成活率的最主要因素是气象条件，包括温度和湿度，但适宜的嫁接时期也是不可或缺的因素之一。适宜的嫁接时期一般为每年的 4—9 月，其中北方以 6—7 月最好。此时，温度适宜，砧木已达嫁接粗度，接穗生长健壮充实。气温低于 16℃或高于 36℃时，形成层细胞活动基本停止，嫁接成活率低；而气温在 20℃～30℃时，形成层细胞活动最旺盛，此时嫁接容易成活。此外，烈日、干燥、蒸发量大时，或雨后土壤湿度过大时，或低温阴雨天气时，均不适宜嫁接。

（四）嫁接方法

青枣的嫁接方法多种多样，只有根据不同的嫁接时期选用不同的嫁接方法，才能达到理想效果。从接口形式分，青枣的嫁接方法主要有切接、劈接、芽接、插皮接、靠接等。这些嫁接方法，各有优缺点，可根据砧木粗细情况、季节、品种和嫁接者的技术熟练程度决定。目前，青枣的嫁接多采用芽接和切接。任何一种嫁接方法都要做到"平、齐、严"三点。所谓"平"，即接穗、砧木削面要平滑，韧皮部不能破裂；"齐"就是要求砧木和接穗的形成层要对齐；"严"就是刀剪削口绑扎要严密，不能松动。

1. 切接法

切接法适合于较细的砧木。如图 4-1 所示，在适宜嫁接的部位将砧木剪（锯）断，剪（锯）口要平，然后用切接刀在砧木横切面的三分之一左右的地方垂直切入，深度应稍小于接穗的大削面；再把接穗剪成有 2～3 个饱满芽的小段，将接穗下部的一面削成长 3 cm 左右的大斜面（与顶芽同侧），另一面削成长 1 cm 左右的小削面，削面必须要平；同时迅速将接穗按大斜面向里、小斜面向外的方向插入切口，使砧穗形成层贴紧；最后，用塑料布条将砧穗接合处绑扎好。切接是目前生产上普遍采用的嫁接方法，操作简单，易掌握，嫁接后芽萌发快，生长迅速，但嫁接成活率不如补片芽接法高。

（1）剪砧和削砧木：砧木茎粗在 0.5 cm 左右或更粗时均可以用于切接法嫁接。把砧木距地面 10～20 cm 以上的部分剪去，剪口以下主干可留几片叶片。由于青枣砧木枝条上有刺，应将剪下的砧木枝条集中起来清理除刺，以免影响嫁接作业。嫁接前先用刀背刮去砧木上的刺，然后选择砧木较平滑的一侧削砧木。操作时，一手握砧木，并用拇指顶靠砧木，但注意手指应在下刀处以下；另一手握嫁接刀在砧木剪口以下适当位置（约 3～5 mm）下刀，向后上方斜削一刀，削面约成 45 度，然后在斜面的下方沿形成层与木质部交界处略带木质部向下纵切一片，切面长度等于或略短于接穗的"长削面"，即大约 1 cm 长。注意切面要平整光滑，深度至形成层，深度不够的应补切。根据接穗大小，砧木切面可多切出一些木质部或少切出一些木质部，也可不带木质部。

（2）削接穗：选 2～3 个芽作为一段接穗，接穗大小尽可能与砧木一致，或略小于砧木，一般接穗不宜比砧木大（宜小不宜大）。操作时，一手拿枝条，基部向外，待削取的芽向上或向两侧，应尽可能选平滑的一面向下；另一手持刀在芽眼下方约 1.5 cm 处下刀，以 45 度倾斜向前切断枝条，此削面称为"短削面"；将枝条翻转，平滑面向上，紧靠芽下方下刀削去皮层，可略带木质部，此削面称为"长削面"。注意削面要平整光洁，深度不够的要补削。最后将接穗倒转，接芽向上，在芽的上方约 0.5 cm 处削断枝条。

（3）安放接穗：安放接穗务必使之与砧木的形成层吻合，即所谓"木对木，皮对皮"。但如果砧木和接穗粗细不一致，那么两者也应有一侧形成层能互相对准。将削好的接穗插入砧木切口内，长削面紧贴在砧木削面上，使接穗形成层对准砧木切口形成层。接穗切口宽度若小于砧木的切口，则应将接穗靠向砧木切口的一侧，从而使接穗形成层与砧木的一侧形成层能对齐。

（4）绑扎：一手的拇指将薄膜（宽约 3 cm）一端压在砧木切口的背面，固定不动；另一手稍用力拉薄膜条从接穗下部往上缠绕，盖过接穗后，在外侧将薄膜条折转包顶，既不留空隙，也不在接芽处折转，接着往上缠绕 1~2 圈，在接穗以下的薄膜上打套结。也可用塑料保鲜膜作为包顶纸绑扎好，绑扎要求牢固、密封，并将接穗全部包裹，不要露出芽眼。完成绑扎后用菊酯类农药喷在薄膜上，以防蚂蚁咬破薄膜透气渗水而降低接活率。若在雨天嫁接，需要加盖塑膜防雨罩，以提高成活率。

（5）解绑：嫁接后 1~2 周，成活的芽眼呈青绿色。随后要经常检查，对未成活的要及时补接，对已成活、芽已萌动的要及时用刀片挑开芽萌发处上方的薄膜（若采用超薄膜则无须解绑，芽可穿透薄膜而出）。但是，防雨罩暂不拿开，而是之后随着芽的生长，分期分批地拿开。

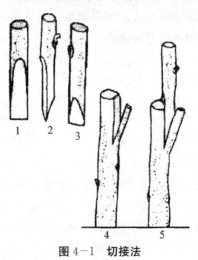

图 4-1　切接法

1—接穗正面　2—接穗侧面　3—接穗背面　4—砧木去皮　5—砧穗接合

2. 芽接法

芽接法是以芽片为接穗的繁殖方法，包括"T"字形芽接、方块芽接和补片芽接等。

（1）"T"字形芽接：这种嫁接法操作简便，成活率高，是生长季节嫁接最常用的一种方法，也是果树育苗上应用最广的一种方法。砧木一般为半年生的小砧木，也可以是直接在大砧木当年的新梢上。但是，老树上不易用此法嫁接。嫁接时间在每年的 4 月中旬至 9 月均可。其具体操作方法如下：

①切割砧木。先在砧木离地面 5~15 cm、枝干光滑处横割一刀，深度达木质部与韧皮部之间即可（但不要太深，否则将伤及木质部及导管，阻碍根部吸收的水分、养分等向上运输，影响砧木生长）。横割一刀后再在中间处向下竖切一刀，长约 2 cm（与芽片长度大体相当），然后用刀尖向左右两边，微微撬开皮层。

②削取接芽。选取充实饱满的接穗，将接穗倒拿在手中，另一只手持嫁接刀，先后在芽顶端 0.5 cm 处横切一刀，然后在芽下端约 0.8~1.0 cm 处，刀片斜拿，握刀的食指和中指均匀用力，随刀刃的深入，握接穗的手稍向后移动，芽片削进 1.5 cm 左右时与横刀口相交，用拿刀的手取下芽片备用。因老枝上的芽，削接相当困难，所以青枣一般用当季生长充实的枝取芽。

③装芽和绑扎。将割好的芽片，用手拿住叶柄，插入砧木切口内。插时要由上向下小心插入，使芽片上端与横切口平齐，接芽和短叶柄外露，然后再用 1~1.5 cm 宽的塑料带由下而上一圈压一圈地把接口全部包严，一般 4~5 圈可绑扎严密。

④成活率检查和解绑。芽接 7~10 天后芽片便可愈合，此时用手动一下芽片留下的叶柄，随即脱落，芽片保持新鲜。未接活的芽片变黑色而干缩，应及时补接。一般情况下，半个月左右解绑。若解绑过早，则砧木皮层易外翻，接芽口不平；若解绑过晚，则易使接芽被砧木愈合组织包死。

（2）方块芽接：因所取的芽片呈方块形，砧木也切去一方块树皮，故称为"方块芽接"。由于方块芽接比"T"字形芽接操作复杂，因而在生产上常采用改良型方块芽接，即把方块形改成三角形。这一方法比方块芽接操作简单，易挑皮，且又具有方块芽接法的接触面大、愈合好、易成活之优点，故一般在较粗砧木的皮层易剥离时采用。嫁接时，在砧木上用嫁接刀划"×"形，刀要深入到木质部与韧皮部之间，然后用刀挑离皮层，并向下稍拉撕，再横切一刀，切下一个三角形块。接穗也取下同样大小的芽片，芽在芽片的中央。同时将接穗芽片对齐嵌入砧木切去的地方，一般要求大小合适。在技术不太熟练的情况下，芽片可稍小于砧木的切口，有些空隙基本上不影响成活，但芽片不可大于砧木切口。另外，要注意保持接穗和砧木接合部的清洁，芽片嵌入后不要左右移动，以防止擦伤形成层。放入芽片后，即可用塑料带自下而上绑扎。一般应在 10~12 天后视情况进行解绑。

(3) 补片芽接：补片芽接又称为芽片贴接、芽片腹接或盾形芽接。海南、广东西部、广西等地多用此方法嫁接。其优点是，接合面愈合快而且牢固，嫁接成活率高，接穗利用率高，嫁接成活以前可不剪砧，因而对砧木的损伤极小，一次没有接活的砧木，可以多次再接。但此方法接穗抽生较慢，初期生长较弱，操作技术较难掌握。其具体操作方法如下（如图4-2所示）：

①开芽接位。嫁接时要求砧木直径在0.8 cm以上，砧木过细，嫁接成活率低，且不易操作。嫁接部位一般在距地面10~20 cm处，最高不宜超过30 cm，芽接位一般宽0.8~1.0 cm、长2.0~3.5 cm。切割时在砧木树皮上先由下至上划两条平行切口，接着在两条平行切口上方横切一刀，成长方形接口，或在顶端作弧形相交成盾形接口，深度以切至木质部为度，即从上方把皮层剥向下方慢慢撕开。撕皮时，砧木木质部不许残留有韧皮部组织，应保持光滑干净。然后将芽接部位的皮层大部分切除，仅留小部分（俗称腹囊皮）。若砧木是茎粗大于2 cm的老苗或高接换种树，芽接位可提高至半木栓化的茎干或分枝上，并将芽接位加大0.5~1倍。

②削芽片。选接穗上部饱满的芽，以芽为中心，在其周围切一条长2~3 cm、宽0.6~0.8 cm的芽条块，深至木质部，然后将刀平插于切口的右边口向左推，再将刀平插于切口的左边口向右推，如此便取下一长方形不带木质部的芽片。这种削芽片方法适用于较粗且形成层较厚的2年生枝条。1年生且形成层较薄的老熟枝条，可用刀削出长3~5 cm带木质部的芽片，左手将皮层固定，右手将木质部拉弯，使其与皮层脱离，再把剩下的芽片切成比芽位略窄、略短的长方形或盾形。

③安放芽片及绑扎。将芽片安放在芽接位中央，下端插入腹囊皮中，使芽片与芽接位顶端及两侧稍有空隙，然后用宽1~1.5 cm的聚乙烯塑料薄膜带自下而上均匀地绑扎成覆瓦状来密封，不露芽眼。注意绑扎时一定要压紧芽片，特别要使芽眼及其上下部位贴紧砧木，使芽眼背后没有空隙。

④解绑和剪砧。嫁接后25~30天，经检查若芽片与芽接位边缘之间的空隙已经愈合良好，则可解松薄膜带，或用刀在芽接位的侧边轻割一刀，以使薄膜带自然松动。解绑后经过7~10天，若芽片保持绿色并愈合紧贴砧木时，则可将距离芽接位顶端2~2.5 cm以上的砧木主干剪去，促使接芽萌发；若发现芽片枯死或变成黑褐色时，则可在原接位的背面或上下光滑处补接。

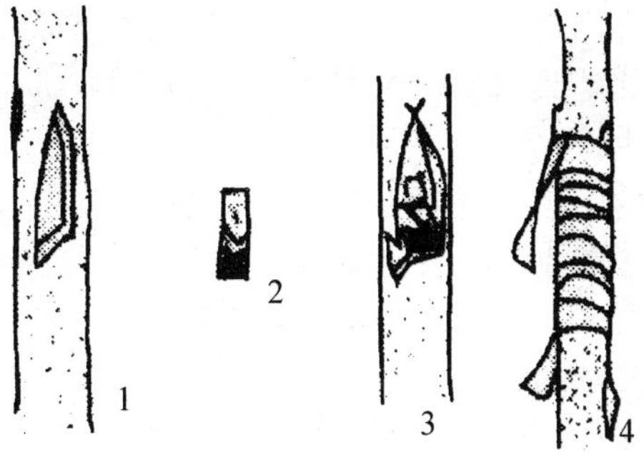

图 4-2 补片芽接法

1-砧木接口形状　2-削出的芽片
3-插入芽片　4-绑扎

3. 腹接法

腹接法综合了切接和补片芽接的操作方法，主要用于青枣树的嫁接换种（也称嫁接更新）。嫁接时，像补片芽接法的开芽接位一样操作，在嫁接更新树的主干基部平滑处开腹接位（依接穗大小相应调整腹接位大小），然后像切接法一样削接穗（接穗可粗至 1~2 cm，可比切接法的长些）。安放接穗时，将接穗的长斜面朝向砧木插入腹囊皮，接穗上部露出腹接位，并使接穗和砧木的形成层一边或两边对准。绑扎时，要先像补片芽接法一样用塑料薄膜将腹接位绑扎紧，然后再将接穗露出部分用塑料薄膜绑扎紧。

嫁接苗成活后要经常检查，及时把砧木上萌发的不定芽抹去，以减少养分消耗。同时，在新梢叶片转绿后要追肥，并做好除草、排灌和防病虫害等工作。当嫁接后新苗萌发新梢 2~3 次枝叶老熟健壮时，即可出圃种植。

（五）嫁接后的管理

要确保嫁接苗成活和正常生长发育、提高苗木质量，就必须做好嫁接后的管理工作。

1. 检查成活情况和及时补接

嫁接当天应及时对嫁接部位喷施防虫药剂，以后每隔 2~3 天喷药 1 次，雨后补喷。这样可有效避免昆虫及蚂蚁咬食薄膜，防止接口枝芽暴露失水而干枯或嫩芽受损。

一般在嫁接后 10~15 天，即可检查嫁接是否成活。凡接穗或芽仍保持新鲜状态、接口周围已出现愈合组织、芽已膨胀的，均可认为嫁接已成活；相反，接穗干缩变色，则嫁接没有成活。若此时仍处于嫁接适宜时期，则应及时进行补接。

2. 解绑与剪砧

凡是嫁接时采用超薄塑料薄膜绑扎的，芽长出时会自然将薄膜顶破。如果采

用普通薄膜绑扎的，当检查发现芽已萌动时，应用刀挑破芽眼部位的薄膜，让嫩芽长出。当接穗抽出的一次梢老熟木质化后，应及时解绑，以避免造成绞溢，影响接穗和砧木的增粗生长。

采用腹接和芽接的，当嫁接成活后，应在接口或接芽上方 0.3～0.5 cm 处剪掉砧木上部，以促进接穗或接芽萌发和生长。砧木剪口最好用凡士林、石蜡、漆等涂封，以防止水分蒸发、雨水渗入和病菌侵入。

3. 除萌和设立支柱绑缚保护

嫁接成活后，接穗往往抽生 1 个以上的嫩梢，应选留 1 个健壮直立的嫩梢培育成苗干，砧木上的萌蘖往往萌发早、数量多，消耗营养水分多，应及早及时抹除。这种萌蘖的抹除一般需要进行 2～3 次，以避免与接穗或接芽竞争养分、水分，从而确保接穗或接芽正常萌发和新梢快速生长。

青枣内生枝梢生长快、分枝多和枝条较软，嫁接成活后抗风能力较弱，应设立支柱绑缚保护，以避免风折。同时，设立支柱绑缚保护也有利于苗木自立生长，尤其是在露地育苗或风大的地区更应注意。

4. 加强土肥水管理和病虫害防治

青枣嫁接成活后，应及时松土除草，以促进根系生长。同时，当一次新梢出现老熟叶片后即可开始施肥，并在以后每半个月施入稀薄腐熟有机水肥或粪肥 1 次，或尿素加复合肥等。一般人粪尿应稀释 15～20 倍，尿素、氯化钾为 0.2%，复合肥为 0.3%，叶片黄绿的还应进行叶面追肥。土壤水分不足时应及时灌水，干旱天气一般 3～5 天灌透水 1 次，以促进苗木快速生长；当苗木达到 50～60 cm 以上时，应控制肥水供应，并合理整枝，防止徒长，以保证苗木健壮。

三、嫁接苗的出圃

苗木出圃是育苗工作的最后一个环节。出圃苗木的质量好坏将直接影响到苗木定植后的成活率及幼树的生长。因此，必须严格遵守苗木出圃的技术规程，以确保苗木纯正和质量合格。

（一）苗木出圃前的准备

第一，对苗木品种进行核对，抽样调查，统计苗木规格、数量。

第二，根据抽样调查结果及外来苗木订购合同，制订苗木出圃计划和起苗操作规程。苗木出圃计划包括劳力组织、工具准备、包装材料、起苗及调运日期的安排。起苗操作规程包括挖苗的技术要求、根系保留长度、包装或假植方法等。

第三，若苗圃地干旱，为避免起苗时根系损伤过重和起苗困难，则应在起苗前 3 天左右浇灌 1 次透水，而营养袋苗则要求起苗前 5 天浇 1 次水，5 天内不得浇水。

（二）苗木规格

在品种纯正、确实可靠的前提下，优质苗应符合下列几项标准：

第一，大塑料袋装育苗，若是地栽苗，则所带土团较大、不松散。

第二，嫁接部位适中（离地面 10～20 cm），嫁接口愈合良好，无瘤状突起。

第三，苗高 50～60 cm，基部茎粗 0.6 cm 以上，且主干粗壮，生长健康，芽眼明显，叶片浓绿，无病虫害。

第四，根系发达、完整。

（三）苗木出圃时间

青枣苗木一般全年都可起苗，起苗时间主要根据种植者的要求。经多年经验总结，种植前短期假植，能有效提高种植成活率，提倡先假植稳定再种植。因此，根据订购应提前 1 个月左右起苗，再行假植。春季也可减少这一工序。一般以春季（3—5 月）出圃为主，尤其是供应远途、植于丘陵山地的浆根苗。秋季出圃在 9—10 月，以袋装苗或带土苗为宜。袋装苗和带土苗一年四季都可出圃，但应尽可能避开低温干旱的冬季和高温且暴雨多的 7—8 月。

（四）起苗方法

1. 带土起苗

带土起苗应在晴天进行，起苗时保留直径 15～18 cm、高 20～25 cm 的土团，起苗后应立即剪去苗木的 1/3 叶片。采用起苗器带土起苗（如图 4-3 所示），可大大降低散泥头率，提高种植成活率。起苗时，以苗木主干为中心，将内径、高度相仿的起苗器从苗两侧插入土中，用大铁锤敲打起苗器铁柄，直至起苗器全部插入土中。然后摇动铁柄，把起苗器连泥带苗一同拔起，剪去过长主根，打开起苗器便起得一带有圆筒形泥团的果苗。边起苗边用塑料袋包装，每袋 1 株，并用塑料绳捆牢。在搬运苗木时，不得提苗木的主干，因为泥团较重，很容易拉脱泥团。

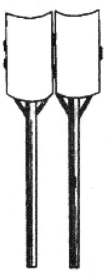

图 4-3　起苗器

2. 不带土起苗

不带土起苗应在起苗前灌透水后，或在透雨后，才能进行操作。若不先灌水，则在挖苗时极易损伤须根，而且也增加了挖苗的难度。起苗前，应先剪去苗木的 2/3 叶片以及全部嫩枝；起苗时，保留主根 25～30 cm，侧根 15～20 cm；起苗后，把根的过长部分剪去，并蘸上泥浆。起出的苗木每 30～50 株绑成一捆，并用塑料薄膜包裹根部保湿。

（五）苗木包装和运输

对不带土苗木，起苗后应放于阴凉处，并立即将根蘸上泥浆后包装好，每 50 或 100 株绑成一捆。包装材料应就地取材，以价廉质轻、韧软，并能吸足水分、保湿透气性能好，而且又不会迅速发霉、发热的材料为好，如草袋、麻袋、蒲包等。长途运输可添加湿的碎草、碎稻草等，再用塑料膜将根部包裹绑牢。对带土苗木，应将起出的苗木用塑料袋把整个泥团包好后用纤维绳把塑料袋扎紧，以防松散。营养袋苗直接搬运即可。

长途运输要注意妥善装卸，要挂上注明品种的标签，并注意途中保湿、防热、防晒。

第五章　青枣的建园和定植

一、园地建立

青枣是多年生植物，一次定植，多年收益，一般更新周期为 30 年，有的甚至更长。因此，建立青枣生产园应做到认真选址、周密规划、合理布局、精细开垦、施足基肥、熟化土壤，为青枣生长创造良好的环境，为早结、丰产、优质、高效打下基础。

青枣怕涝忌渍水，但同时枝梢生长及果实发育期又要求水分充足供应，故建园时要求充分考虑这一特性。在地下水位低而土质较疏松肥沃、容易排灌的水田和冲积地建园时，可采用低畦浅沟形式；在地下水位高、暴雨后易内涝、排水不易的平地建园时，宜采用高畦深沟形式；在丘陵山地建园时，为了防止冲刷，便于管理，宜修筑等高梯田，同时要求果园要有排灌系统。实践证明，青枣由于喜肥好水，在排水良好、湿润肥沃的水田平地种植时果大味佳，优于无灌溉条件及施肥水平低的丘陵山地果园。

（一）园地的选择和改良

1. 青枣生育气候条件

青枣园地的选择，首要考虑的是气候因素。青枣对气候适应性极强，既能耐48℃高温，也能耐−5℃低温。为了达到优质高产的目的，青枣宜在年平均温度为 20℃以上、冬季无霜冻的热带和亚热带地区种植。我国台湾省台北地区虽然最早引入青枣种植，但随着青枣种植区域逐步南移至高屏地区时才表现出其高产优质的性状。因此，在栽培青枣时，不要过于向北发展。另外，青枣是典型的阳性树种，山坡地种植一定要选择向阳面，阴坡种植将严重影响产量和品质。

2. 青枣对土壤要求

青枣对土壤的适应性较强。研究表明，青枣能适应红壤、沙壤等多种土壤类型，但土壤质地对青枣的生长、果实品质有较大影响。一般来讲，青枣生产园要求土层厚度至少有 80～100 cm，而土壤中的有机质至少在 1％以上，否则要进行土壤改良。土壤透气条件的好坏，也直接影响着青枣的生长发育。生产实践证明，青枣在透气性好的沙壤土果园，树体发育好，枝条粗壮，叶大而光亮，果大

而质优，产量高而稳定；在轻黏质壤土果园，则次之。

青枣适应的土壤酸碱度以微酸性至中性为好，但也能在盐碱地生长。土壤pH值的最适范围是 5.5～6.8，过酸的土壤要施石灰改良。此外，青枣怕积水，地下水位不能过高，要保证在 1 m 以下，超过此界限，土壤易积水，孔隙量减少，根系呼吸受阻，影响树体生长发育。有些地下水位较高的土地，应通过开挖排水沟等方法降低地下水位后再行栽植。

3. 土壤改良

在我国热带、亚热带地区的一些红壤和沙荒地土壤结构不良，有机质含量极低，透气透水性或保水保肥力差，在栽植时必须进行土壤改良。

（1）红壤改良：由于红壤结构不良，水稳性差，抗冲刷力弱。因此，对这类土壤，首先要修好梯田做好水土保持；其次要增施有机肥及种植绿肥，红壤有机质含量偏低，增施有机肥是根本措施，除增施厩肥外，还应大量种植绿肥，如毛蔓豆、蝴蝶豆、无刺含羞草、假花生等；再次由于红壤活性磷含量较低，应施用磷肥，主要集中施在定植穴内。在红壤中施入石灰可中和土壤酸碱度，改善土壤理化性状。

（2）沙荒地改良：对沙荒地，首先要深翻，把底部的黄土或黏土通过挖沟翻上来，待其自然风化后，再上沙土充分翻动；其次要压土改良，通过拉土压沙来增加土层厚度。此外，可通过覆盖和增施有机肥，来达到改善土壤理化性状、增加有机质的目的。

（二）果园的规划与设计

果园的规划与设计主要包括栽植区（小区）的划分，道路、包装场和建筑物的设置，防护林的营造，排灌系统的规划等。规划前，必须进行实地勘测，有条件的也可利用仪器测绘，绘制出整个果园的平面图，按图建园。

1. 栽植区的划分

栽植区的大小，要根据园地实际情况来确定。山地自然条件差异大，灌溉、运输不方便，栽植区可小些，一般以 1.0～1.3 ha 为一个栽植区；平地管理方便则可大些，一般以 6.6～10 ha 为一个栽植区。山地栽植区宜按等高线横向划分；平地栽植区不能太小，否则道路和排灌渠道占地太多，土地利用率低。栽植区形状以长方形为宜。

2. 道路、包装场和建筑物的设置

道路由干路、支路和小路组成。干路要贯穿全园并与公路、包装场等相接，以便运输果品和肥料，在山地果园可呈"之"字形绕山而上，上升的坡度不要超过 8 度，路面宽 5～8 m；支路修在适中位置，把大区分成小区，路宽 4～6 m；小区间设小路，路宽 2～3 m。

包装场应尽可能设在果园的中心位置，药池和配药场宜设在交通方便处或小区中。在山地果园中，畜牧场应设在积肥、运肥方便的高处，而包装场、库房等应设在低处。

3. 防护林的营造

果园营造防护林，不仅可以防台风、大风的危害，还可以调节空气湿度、温度，减少冻害和其他灾害天气的危害。防护林有利于改善山地果园的生态条件，保护果树的正常生长和开花结果。

防护林主要有水源林和防风林。水源林种在防洪沟以上的地带（可保留山顶防洪沟以上的林木作为水源林），保持水土。防风林分主林带和副林带。主林带一般设在迎风方向的园地边或山坡分水岭上，应种树4行以上，可以采用多行乔木和灌木相间混合种植；副林带设在园内道路、排灌沟边缘，可种树1～2行，起辅助挡风的作用。防风林带的有效防风距离为树高的25～35倍，风大且多的地区，林带距离可近些，以200～300 m为宜，而风小的地区以500 m左右为宜。防风林带的走向主要根据当地的风向和风力来确定，一般主林带的走向与主风向垂直设置。营建防风林的树种应具有生长迅速、树体高大、枝叶繁茂、防风效果好、寿命长等特点，且与青枣无共同的病虫害。

4. 排灌系统的规划

搞好果园水利建设，是保证青枣优质高产的重要措施。目前果园灌溉方法有3种，即沟灌、喷灌和滴灌。由于沟灌耗水量大，易引起土壤大面积板结和降低土壤温度，现已不多使用了；因滴灌与喷灌既科学，耗水量又小，而被越来越多的人所接受。

喷灌比沟灌可节水约50%，并可降低冠内温度，防止土壤板结。在山地不仅可用来淋水而且可用来喷药，一管两用，减少用工，节省成本，滴灌却又比喷灌节水50%。

大型果园的作业大区之间必须修建可通汽车的主干道路，在作业小区之间再修建支路。在主干道路的两旁修建深、宽各1 m的一级排灌渠，一级排灌渠要与可以排除积水的小溪或江河相通。大区周围修建二级排灌渠，并与一级排灌渠相通。作业小区周围及种植畦之间修建三级排灌渠，并与二级排灌渠相通。低洼或水位过高田块，还要在一级排灌渠出口处修建动力排灌设施及水位调节闸门，以保证果园的排灌畅通。引水困难的果园可在每一大区内挖一个500 m³的水塘，一级排灌渠与水塘相通，便于潴留雨水。每一作业小区内设一个肥水池，隔成2格，用来蓄水喷药和沤制水肥。

5. 果园作业区的划分

果园作业区是生产的基本单位，是为方便管理而设置的。作业区划分不当会给果园管理带来不便，特别是对水土保持和果园机械化造成障碍。作业区划分的原则是：

（1）作业区内的土壤、气候条件大体一致，以方便管理措施的施行。

（2）有利于减少或防止土壤冲刷，便于排灌或水土保持。

（3）便于防止风害，在平地上防护林带的宽度与走向应与作业区划分统一考虑。

（4）方便机械操作与运输。

作业区的划分要根据果园的面积而定。大型果园按每 100～200 亩划分为一个作业大区，再用排灌沟和道路将大区划分为 10～20 亩大小的作业小区。小果园的规划要依地形而定，以便保持水土。

6. 果园辅助设施

大型的果园，应在果园中心靠近主干道路附近建筑办公室（楼）、值班室、农具室、仓库等附属设施。

（三）果园的开垦

开垦是果园规划中一项基础性工作，包括清地、翻耕、平整土地、开壕沟或梯田、定标、挖种植穴或开种植沟等，其好坏直接影响水土保持、管理、生长和产量，必须予以重视，一般应在定植前半年进行。

1. 清地

凡在规划地段内的杂草、树木或其他有碍耕作的杂物、石头等应全部清除，以便垦荒。

2. 开垦

平地或在 5°以下的缓坡地开垦时，应先深翻 1 次，再平整土地；并且根据植株的行距要求定标，挖一个长、宽、深各 0.8～1.0 m 的穴。挖穴时，表土与底土要分开堆放。如果种植面积较大的果园，可采用机械化作业，使用机械挖穴，以提高作业效率。没有专用挖穴机的，也可采用土方工程施工中的"勾机"进行挖穴。

丘陵山地的坡度在 5°至 20°的山坡地，应按等高线开垦，修筑梯田。此过程中一定要用仪器测量，定出等高线，以等高线为中心挖掘出深、宽各 1 m 的沟。从下坡开始，挖第一条沟时，把表土层往上坡堆砌，把心土层往下坡堆砌；从第二条沟开始，表土层往下一条沟内堆砌，心土层往上坡堆砌，构成梯田的垒壁部分。待风化后，结合回沟施基肥，将靠上坡两侧的沟壁削下填在沟内，削面构成梯壁的削壁部分，最后成完整的梯田。

3. 回沟与施肥

在种植前 1～2 个月进行回沟。先把表土施在最下层，接着放杂草、枝叶和石灰 0.3 kg 混合；再回一层表土，放塘泥，垃圾土杂肥 30 kg 和 0.2 kg 的磷肥；再回盖一层心土填至距地面 20 cm 时，放入经混合堆沤过的禽畜粪（鸡、猪粪）10～15 kg，钙、镁、磷肥 1.0 kg，复合肥 0.2 kg，并加回土拌匀填平后盖一层

10 cm左右的土。此后，待20天左右土盘充分下沉后，可以开始种植。

（四）在水田、平原冲积地和丘陵山地建园

1. 在水田及平原冲积地建园

水田和平原冲积地地势平坦，土壤肥沃，水源充足，排灌方便，有利于果园的经营管理和机械化操作。但一般水田和平原冲积地地下水位高，生根土层浅，容易造成青枣根浅生，根群多分布在表土层。因此在种植青枣时，要根据水田和平原冲积地的特点，扬长避短，修建排灌系统，降低地下水位，增厚生根土层，使青枣高产优质。

平原建园要选择地势较开阔和最好附近有大水体的地块，但地下水位不能高于1.8 m，无硬底层，排水便利。如果有硬底层，在采用穴式定植时，植穴积水不易排出，就会限制植株根系的发生和发展，雨季根系会因窒息而腐烂，地上部生长停滞，严重时引起枯枝、落叶甚至整株死亡。

水田、平原冲积地种植青枣，一定要降低地下水位，增厚根系可生长土层，园地的开垦有低畦浅沟形式和高畦深沟形式。

（1）低畦浅沟形式：这种形式一般用于地下水位低、土质疏松肥沃、容易排灌的水田和冲积地。先按预定的种植行距修成龟背形低畦，再在畦面按预定种植株距种苗。一般在每3畦间开深沟和浅沟各1条，深沟深50 cm左右，浅沟深20～30 cm。平时水沟不蓄水，旱天引水灌溉后及时排干水。

（2）高畦深沟形式：当园地地下水位高、暴雨后易内涝、排水较困难时，可采用这种形式建园。先按预定的种植行距开沟成畦，然后按预定的种植株距在畦面垒起直径1 m左右、高30～40 cm的土墩，在土墩上开浅穴种苗。再通过加深畦沟及修沟培土，修整成高畦深沟形式的园地。排水沟逐步拓展至深、宽各1 m，并与小区周围的排灌沟连通，以利于排水和灌水。

2. 在丘陵山地建园

丘陵山地是建园的主要地区，一般比较瘦瘠，地下水位低，水利条件差，水土流失严重。因此，在丘陵山地建园的重点工作是改良土壤，引根向下生长，增设灌溉设施，控制雨后径流，保持水土。在丘陵山地建园，最好选择西北向、有高山屏障的中低丘陵山地，且坡度在20度以下的中、下山坡地；三面或两面环山，谷口向东、东南和南面的山坡地；或大中型水库的库沿山坡地。这些地方，土层较深厚，疏松肥沃，日照充足，土壤水分状况也较好，冬季不易受冷风直吹，也不易造成冷空气的聚集，即使地理位置稍偏北，也不易产生严重的霜冻害。

（1）排灌系统：山地果园的排灌系统主要有等高防洪沟、纵排水沟和等高横排（蓄）水沟等以下三种形式。

①等高防洪沟形式。在果园外围与农田交界处，特别是坡地果园的上方，积雨面积大，必须设置等高防洪沟。沟的大小视上方积雨面积而定，一般深和宽在

60～100 cm。防洪沟挖出的土放在沟的下方，筑成道路。在沟内每隔 5～10 m 留一土墩，墩高比沟面低 20～30 cm，使沟形成竹节形，以积蓄雨水和缓冲雨水流速。防洪沟要有 0.1%～0.3% 的比降，并与纵排水沟相连。

②纵排水沟形式。应尽量利用天然的汇水沟作为纵排水沟，或在干道和主道路两侧挖一些纵排水沟。这些排水沟深和宽各 50～60 cm，中间连通各级梯面的后沟和一些横排水沟。为减少水土流失，纵排水沟要修建成竹节形或使沟底生长杂草。

③等高横排（蓄）水沟形式。此沟一般建在横路内侧和梯田内侧，主要用于排水和雨后蓄水，起到保护道路梯面及延长果园湿润时间的作用。一般沟深 20 cm 左右，宽 25～30 cm。每隔 5～8 m 留一低于沟面 10 cm 的土墩，把沟修建成竹节形。

（2）开垦种植形式：根据丘陵山地水土容易流失、底土层坚实和有机质含量低的特点，开垦果园一定要做好水土保持和改良土壤工作，开垦种植形式主要包括修筑梯田、按等高线挖植穴定植和挖鱼鳞坑植穴定植。

①修筑梯田。水平梯田保水保肥能力强，便于管理操作，是丘陵山地建园的首选形式。梯面的宽度应根据山地坡度大小而定，坡度大的梯面窄些，坡度小的梯面宽些。根据预定的株行距和梯面宽度，可以种植 1 行或多行。动土前先测出坡面最有代表性、与坡向平行的标准基线和基点，然后测出各梯级的基线和基点。若同一坡面坡度不一致，凹凸不平，测出的梯级基线会不平行，则可以根据当地实际情况，把过窄地段的等高线去掉一段，过宽地段增加一段等高线，并根据地形，掌握"大弯随弯，小弯取直"的原则，进行适当调整。修筑梯田宜从上而下进行，先筑梯壁，后平整梯面。最好用梯田的底土修筑梯壁，把梯级的表层土堆放在中间，把下一级内侧的底土挖起，填在上一级作为梯壁，边填梯壁边淋水，并层层夯实。筑好梯壁后，再把表土均匀铺在梯面上。为了提高工效，也可用推土机或挖掘机按等高线推平梯面，而后人工稍加整理即可。为了防止雨水冲刷，宜把梯面修整成向内倾斜 3～5 度，在梯田的内沿开挖一条深 15～20 cm、宽 20～25 cm 的横沟，外沿筑高 15～20 cm、宽 40 cm 的土埂（如图 5-1 所示）。

图 5-1　山上梯田示意图

1—纵排水沟　2—梯田外壁　3—横排蓄水沟
4—环山排水沟埂　5—环山排水沟　6—山顶水源林

②按等高线挖植穴定植。在坡度较缓的地方，可采用等高种植。先根据坡地的地形和预定的种植行距测出种植行的基线，在基线上按预定株距挖种植穴。以后通过逐年的土壤管理，修筑行间田埂，筑成梯田。

③挖鱼鳞坑植穴定植。在坡度较大、地形变化复杂的地方，可采用挖鱼鳞坑植穴的方法。先按预定的株行距定点挖穴，不强求各穴在同一等高线上。定植后将植穴附近地面修成直径 1.2~1.5 m 的树盘，并在鱼鳞坑的上坡方挖一条浅沟，以防止雨水冲入树盘。此后，再逐渐扩大树盘的范围，形成互不联结、长短不一的台阶梯级。

二、定植

青枣栽植时要注意慎选主栽品种，合理搭配授粉树，深挖浅栽，浇好定根水，提高成活率。

（一）品种的选择

随着近年来青枣优良品种的引入和栽培面积的迅速扩大，优良品种的选择变得尤为重要。选用主栽品种，不但要充分考虑到果实的商品品质，也要考虑到其丰产性能和抗逆性，同时还要考虑到早、中、晚熟品种的配置，以延长供果期。青枣优良品种应具备下列条件：

第一，果实大，肉质细脆，甜度高，无涩味，但略带酸味。

第二，果实皮薄且光滑亮丽，淡黄绿色、黄绿色或鲜绿色，口感佳，食后无留皮感。

第三，种子小而肉厚，果实呈椭圆形或长卵尖形。

第四，较抗病虫害，如白粉病。

据现在研究结果来看，引自台湾的高朗 1 号（五十种）早熟、丰产、商品品质好，是符合上列条件的少数优良品种之一，深受消费者欢迎，值得推广。福枣中熟，丰产，虽果形不十分理想，但果实完全成熟后品质佳，有特殊香味，也较受欢迎。玉冠品种虽比高朗 1 号略小些，但较晚熟，是目前晚熟类型中较好的一个品种。

（二）授粉树的配置

为了使新建果园高产、稳产，在选定主栽品种后要合理配置授粉树。青枣为异花授粉树种，同一朵花的雌蕊柱头（具有后熟性）与雄蕊花粉的成熟时间不一致，故自花坐果率很低。若品种单一，往往授粉不良，则会造成大量落花落果。因此，种植主栽品种的同时，必须混植或间植 1~2 个其他品种作为授粉树，使品种、距离、数量恰当，以提高坐果率和改善果实品质。授粉品种应选择与主栽品种亲和力强、花粉量多、花粉发芽率高，而且开花时间相吻合的品种。

目前观察到的各青枣品种开花的花期虽不同，但早、晚熟品种主要是因其果

实发育时间的长短而造成的。早熟品种如高朗1号，其开花坐果至果实成熟约需要110~120天，而晚熟品种如黄冠、玉冠则需要140~150天。开花有两种类型：一种是上午开花型（雄花上午开，雌花下午开），一种是下午开花型（雄花下午开，雌花翌日上午开）。前者如高朗1号、特龙、玉冠等，后者如新世纪、碧云、黄冠等，且雌花在花瓣展开后4小时才能授粉。因此，在选择授粉树时应着重考虑授粉品种与主栽品种的开花时间，如高朗1号，通常以新世纪、碧云作为授粉品种，而用玉冠则不佳。

授粉树与主栽品种比例一般为1：6或1：8，两者距离不能超过40~50 m。在生产中可采用两种方式：一种是成行栽植，每隔4~5行配一行授粉品种；另一种是梅花形或间隔式，即在周围6~8棵主栽品种间配置一株授粉树。

（三）种植密度

青枣速生快长，容易封行，同时树形开张，枝条垂软，需要搭架，故生产上为了便于操作管理，宜采用疏行密株式种植。青枣是阳性树种，生长迅速，不耐荫蔽，定植时不能过密。一般在肥水条件较好的平地或缓坡地上，每亩种植33株，株行距为4 m×5 m；而在肥水条件较差的土壤中和山地上，每亩种植41~45株，株行距为4 m×4 m，3.5 m×5 m或3 m×4 m。

（四）定植前的准备

大型果园应在种植前进行土壤分析、土壤改良和植穴准备。土壤分析主要是测定表层30 cm或50 cm内土壤的质地、有机质含量、酸碱度，以及土壤的氮、磷、钾和微量元素含量，以指导土壤改良和确定施肥的种类与数量。

国外大型果园在定植前都要进行全园深翻土壤，在深翻时施入石灰（由于石灰中的钙质在土壤中移动缓慢，故要深施，使石灰尽可能进入土壤深处的根际层）和大量有机肥料。定植时不再挖定植穴，仅按株行距挖比苗根稍深的小穴定植。我国多数地区尚无条件在定植前进行全园耕翻，较理想的做法是沿每行走向挖种植壕沟。为节省投资，也可挖穴种植。

山地果园一般要求挖长、宽、深各1 m的大植穴，人工挖穴时要求表土和底土分别堆放。也可使用推土机或挖掘机开等高梯田，用挖掘机挖植穴，原有表土就难以利用了。在水田、山地建园时，挖长、宽各1 m，且深30 cm的浅穴备用即可。

山地果园每个植穴要准备好草料（作物秸秆、杂草等）20~30 kg，优质腐熟禽畜厩肥或堆肥2.5~5.0 kg，过磷酸钙或钙镁磷肥0.5~1.0 kg，石灰1.0~2.0 kg，3%呋喃丹（用于防治地下害虫）100~150 g，分3~4层压埋。回土时先下表土，每穴分层埋入有机质和泥土，草料、石灰放下层，禽畜厩肥、麸饼肥、磷肥放上层。每一层放适量呋喃丹，各种物料都要求与土混匀。挖出的土要全部回穴，堆成20 cm高、直径1 m的土墩。

水田、河滩地果园一般先用底土堆一高出地面 20 cm、直径 80～100 cm 的小土堆，将相当于山地肥量 1/4～1/3 的腐熟基肥、石灰和磷肥（也可施 100～150 g 复合肥代替磷肥）以及 3% 呋喃丹颗粒 30～50 g 撒在土堆基部周围，再与土拌匀，筑成直径 1.0～1.2 m 的树盘。在树盘中心挖一深 30 cm、宽 40 cm 的浅穴备用即可。

需要提早 6 个月以上完成挖穴施基肥工作，以便有足够时间让基肥腐熟、松土沉实，避免定植后树苗下沉影响生长。定植前检查植穴下沉情况，及时整平树盘。

（五）定植时间

青枣的袋装苗、带泥苗由于根系在移苗时没有受到大的影响，春、夏、秋三季均可种植，除部分冬季气温较高的地区外，其他青枣种植区由于冬季气温低、雨量少，不管是裸（浆）根苗、带土苗还是袋装苗，冬季栽植后，根系难以恢复，易受冻害，苗木成活率难以保障，故不宜在冬季定植。青枣最适宜的定植时期为每年的 3—5 月份，此时气温平和，湿度较大，雨水充足，成活率高，又争取了生长时间，为当年投产、丰产打下了基础。而每年的 6—8 月份属高温多雨天气，光照充足，蒸发量大，种植的营养袋苗要经过一个月的断根稳定，才能保证成活率。

1. 春植

春植在 3 月至 5 月进行。此时气温回升，雨量充足，适合于青枣根系活动和萌芽抽梢，不论袋装苗、带泥苗，还是裸（浆）根苗，春植成活率都很高，成活后苗木生长也快。若种的是裸（浆）根苗，尤其经长途运输的裸（浆）根苗则以春植为宜，但在春季的干旱地区，则宜推迟至夏秋的雨季定植。

2. 夏植

夏植在 6 月至 8 月进行。6 月各地雨量较多，定植后易积水烂根；7 月气温太高，且常遇夏旱，定植后也易死苗。夏季气温高，阳光强烈，蒸发量大，起苗和种植均不要在中午太阳曝晒下进行；定植后要用稻草等覆盖物盖好树盘，有条件的最好能搭棚遮阴。裸（浆）根苗不宜夏植。

3. 秋植

秋植在 9 月至 10 月进行。此时天气转凉，但气温仍适合青枣萌芽和生根，种植后可抽发几次新根新梢，老熟过冬。在旱季地区，要注意及时淋水，以保证果苗迅速恢复。在一些水源缺乏的地区，裸（浆）根苗由于恢复慢，不宜秋植。

（六）定植方法

1. 苗木消毒分级

在定植前要进行苗木处理。首先要进行消毒，外地调入的苗木栽前可用 3～5 波美度（Brix）的石硫合剂药液或 70% 甲基托布津 500～800 倍液对苗木的根部和枝干进行消毒。然后，对苗木进行分级和修整。一般按苗木主干的粗细和苗木的高度将苗木分为大、中、小三级，同级苗木种在同一地段，尽量选用壮苗或优劣分栽。在分级过程中，对劈伤的枝干和主侧根应予修整。对外地调入和贮藏中失水的苗木栽前须在水中浸根 12 小时。

2. 苗木整理

定植前或定植后将苗木在 30～40 cm 高处短截，作为主干。袋装苗和带泥苗一般需疏除 2/3 的叶片，裸（浆）根苗则将叶片全部剪去，仅留下叶柄。为促进侧根生长，主根留下 30 cm 左右后将过长部分剪去。凡是主根严重被撕裂、创伤、侧根过少的苗木，以及过分瘦弱、嫁接不亲和、嫁接口已形成小瘤的不合格苗木都要挑出，不能定植。定植前检查嫁接口的塑料薄膜是否解绑，将漏解的薄膜解开。

3. 定植操作与定植深度

定植袋装苗和带泥团苗时，把苗放入定植穴，轻轻地用利刀割去包装袋，尽可能不松动根际泥团，然后一手扶苗，使苗根颈部与树盘表面基本齐平，一手用细土由外上方往树根部位分层压实。注意去掉营养袋或包装物时，要防止土团破散，影响苗木成活。定植裸（浆）根苗时，应先根据苗的主根、侧根长度挖好定植穴（一般深 10～20 cm 左右），再将苗木放入穴中，使根系自然舒展，将侧根分层压埋，边埋边轻提，先用碎土填埋固定主根，再将侧根逐一压埋，最后将细土填塞满主根与侧根所构成的空隙，让细土与根系充分接触。在定植前，裸（浆）根苗的根部要蘸上泥浆，定植后可在茎干上罩上塑料薄膜袋，以减少水分蒸发。分层压实时要由外向主干逐步压实，最忌一开始就在主根旁压实，或用脚踩得过实，造成根际不透气。填土至根颈部时即浇足定根水，一株苗木浇水 10 L 以上，使根与土壤接触更充分，再将碎土填到根颈部以上 2～3 cm 处，根颈部高出梯面 15～20 cm。树盘筑成直径 1 m 左右的碟形，然后用干（稻）草覆盖树盘（每株用干草 1.5 kg 左右），起到保湿、降温、防止表土板结和抑制杂草生长的作用。

定植的深浅要适度，以幼树根颈部在土壤沉实后略高于梯面为宜。对于新填穴随即种植的，必须估计土壤下沉情况，把树盘堆高种植，以免发生因种植过深，苗木下陷而导致苗木生长缓慢的现象，甚至产生积水烂根而造成苗木死亡的后果。

（七）定植后苗木的管理

栽植后的管理对苗木成活率及生长发育影响很大，直接影响到当年的产量。栽植后的管理主要有以下几个方面。

1. 肥水管理

对新定植的幼树，要保证土壤湿度。根据土壤水分状况，在灌足定植水和树盘覆盖的基础上，若植后 5 天内不下雨，则应每天浇水 1 次，然后一个月内每 3~5 天浇水 1 次（视天气情况定），以促进幼树成活和快速生长，直至新叶萌发转绿。同时，若定植后遇高温、烈日天气，则应注意遮阴降温，以减少水分蒸发，促进苗木成活。

青枣新植树（定植成活至当年开花结果）由于根系不发达，既需肥料供给又易伤根，因此施肥强调薄肥勤施，尤其不要施浓度高的化肥及未充分腐熟的麸水和粪水。待第一次新梢转绿老熟并开始抽吐第二次新梢时，才开始在离树干 20 cm 以外淋施，一般在定植后 2 个月左右进行。一轮叶老熟后追施尿素等含氮速效肥，第一次浓度为 0.5％~1.0％ 的尿素，其后可适当增加到浓度为 2％~3％。施追肥时，要离树干 20 cm，防止离树干过近，烧伤根系。合理间作豆科作物，留足树盘，及时中耕锄草。也可第一次淋施浓度为 0.5％~0.6％ 的充分腐熟的花生麸水 3~5 L（每次每株施用量为沤制前的干麸 15~30 g）或浓度为 0.5％ 的复合肥水 3~5 L，或在雨后离树干 20~30 cm 处施复合肥 20~30 g（尿素 10~15 g 加氯化钾 10~15 g），每隔 10 天施 1 次，共施 2~3 次。

2. 定干摘心

青枣树冠一般成开心形，定干高度在 60 cm 左右，定干后要及时疏除丛生枝、密生枝和下垂枝，留作主枝的枝梢至 40 cm 左右摘心，促发二次枝成为当年主要结果母枝。

3. 病虫害防治

栽后要重视对第一次和第二次新梢的保护，防治白粉病、红蜘蛛、毒蛾、金龟子等对苗木的危害，使青枣树苗生长健壮。若连续几次新梢保不住，则苗木会因体内的营养被耗尽而死亡。定植后，还要及时检查苗木成活情况，以便及时进行补植。

第六章　青枣的栽培管理技术

一、土壤管理

土壤是根系赖以生存的基础，土壤的肥力状况和理化性质影响着根系生长，而根系的生长活动好坏又直接关系着果树地上部分的生长和发育。"促树先促根，促根改土壤"就说明了这一道理。果园土壤管理主要指深翻改土、培肥地力和改革土壤管理制度。

当前，多数果园有机肥用量不足，只靠化肥，加上耕耙较浅，造成了在我国南方地区常出现果园土壤板结、活土层浅、有机质极度缺乏等现象，成为影响果品优质、丰产、稳产的主要原因之一。因此，必须通过土壤的改良来克服。目前，改良土壤主要采用扩穴改土、增施农家肥、进行果园覆盖等办法。

（一）扩穴改土

定植前虽对定植穴或定植沟做了局部的改土工作，但植穴以外的土壤未经改良。随着树龄增长，根系不断向四周扩展，若不及时扩穴改土，则会抑制根系生长，从而影响果树地上部分的生长和发育。从定植次年起 3～4 年内进行扩穴，其目的在于深翻熟化土壤，疏松硬土层，以保证根系生长发育有足够的空间。扩穴深翻，增施农家肥改土，已成为山地果园速生、早结、丰产的关键技术措施。

1. 扩穴改土时期

除雨天、高温干旱天和盛花期等时间内不宜扩穴改土外，全年大多数时间都可进行。但一般安排在每年的 3—4 月份，因为此时果实已采收，需要补充养分，恢复树势，深翻伤及的部分根在修剪后抽梢前，有一段愈伤恢复期。同时，这一时期的农家肥较充足，糖厂已进行砍蔗制糖，蔗叶、蔗头、蔗渣可充分利用，厩圈肥也较充足。

2. 改土坑的形状和深度

扩穴的方式可根据幼苗定植的方式而定。采用挖壕沟定植的，在行间方向进行扩穴；采用植穴方式种植的，每年交替在行间和株间进行扩穴。力争 3～4 年内从定植穴边缘往外扩穴深翻至全园。

改土坑的形状依定植坑、穴的形状而定。如果是开壕沟定植的，则每年轮流在定植壕沟的一侧开壕沟改土（如图 6-1 所示）。如果定植穴是圆的，则每年轮换在株间或行间开一个 1/4 圆周的弧形改土（如图 6-2 所示）。如果定植穴是正方形或长方形的，则每年轮流在株间或行间各挖一个长方形坑，进行"井"字形扩穴（如图 6-3 所示）。

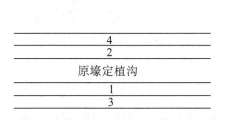

图6-1　壕沟定植改土位置轮换示意图

1，2，3，4 表示年度次序

图6-2　圆形植穴扩穴改土位置轮换示意图

1，2，3，4 表示年度次序

无论何种形状，改土沟的深度都应控制在 50～60 cm，没有必要挖得太深，宽度一般为 40～50 cm，坑的长度要随树龄而逐渐增加。需注意的是，每年改土坑与原来的坑穴要打通，不留隔墙。扩穴改土坑的体积与施肥量相适应，不要挖大坑施少肥。

3. 扩穴改土用的肥料和压埋方法

扩穴改土坑的大小要与施肥数量相适应。例如，肥量少却挖大坑，松土回填后对根系的生长也没有多大的促进作用，效果较差，还不如相应缩小改土范围，延长改土年限，节省人工。扩穴改土用的肥料有很多种，可以就地取材，广辟肥源，如有迟效性的绿肥、农作物秸秆、禽畜粪、糖厂的蔗渣（包括蔗叶、蔗头）、塘泥、蘑菇土、枯枝落叶、筛选过的垃圾肥等。此外，还可适当施入磷肥（最好是钙镁磷肥）、熟石灰粉、麸饼肥（花生饼、豆饼）。

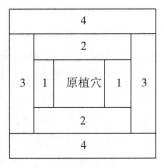

图6-3　方形植穴"井"字形改土位置轮换示意图

1，2，3，4 表示年度次序

用肥数量是按改土坑的体积来安排的。一般来说，每立方米需施绿肥、杂草、秸秆共 30～40 kg（鲜重），糖厂的蔗渣（包括蔗叶、蔗头）、塘泥、筛选过的垃圾肥共 50～80 kg，鸡粪、猪粪、牛粪等禽兽粪共 10～20 kg，钙镁磷肥或过磷酸钙 1.0～1.5 kg，熟石灰粉 1～2 kg，底土土质特别瘦的还需要增施麸饼肥 1～2 kg。上述肥料需要分层埋施（如图 6-4 所示）。

第一层为底层，厚 25 cm。在回填带有草头、草皮的表土和部分碎底土的同时，抛入带枝梗的绿肥、灌木枝叶、蔗头等，填好后撒入磷肥 0.50～0.75 kg 与

土拌匀。这层主要改善土坑层的透水透气环境。

第二层为中层，厚15 cm。先铺上一半的细嫩绿肥，如杂草、蔗叶等；然后均匀撒上熟石灰粉0.5~1.0 kg，再回填7~8 cm的细碎土；最后加填备用量为一半的塘泥、禽畜粪等，并与细碎土拌匀。

第三层为上层，厚15 cm。先铺上一半的细嫩绿肥，均匀撒上熟石灰粉0.5~1.0 kg，回填13 cm厚的细土，再把剩余备用塘泥、禽畜粪、磷肥全部加入拌匀。

中上两层是促生水平吸收根的主要土层，因此应把全部优质农家肥都施用

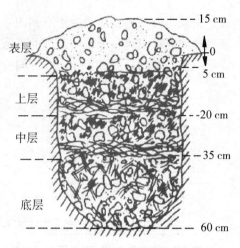

图6-4　扩穴改土分层埋肥示意图

于这两层，同时每层还应施用1/4量的磷肥，这样有利于新根生长。在绿肥草层上撒上熟石灰粉，有利于它们的分解而成腐殖酸钙，它是土壤的优良胶结剂。

最后，回填余下的碎土，回填厚度为20 cm左右，使其高出地面15 cm左右，待坑内绿肥草肥分解，土层下沉时逐渐将坑填平。

（二）间种与覆盖

为了解决扩穴改土的有机肥源，减少土壤冲刷，防止土壤贫瘠化，就要不断改善土壤理化性状，改善果园小气候。提倡在梯壁、行间种植绿肥，采取果园前生草后覆盖的管理制度，就地取材，简单易行。

由于青枣速生早结，很快封行，一般不间种多年生经济作物。但是，因青枣采后要进行重修剪，即在每年的3~4月份要实施主干更新而仅留下光杆，此时的树冠尚小，行间阳光充足，且又是多雨季节，十分有利于草的生长，与枣树水分竞争矛盾也不明显，所以可间作短期矮生作物，如豆科作物，以增加收入。此外，为防止雨季雨水对土壤的冲刷和侵蚀，在8月之前这段时间，果园实行全园生草或行间带状生草，可选种格拉姆柱花草、印度豇豆、铺地木兰、热带苜蓿、白花灰叶豆、三叶猪屎豆、无刺含羞草、假花生等优质绿肥，并在其花前或始花期间进行割锄。割锄下来的绿肥可用于树盘覆盖，其厚度为15~25 cm，待树盘覆盖物霉烂后应及时更换，一年要更换4~5次。另外，果园若间种花生、黄豆，则可采用这类秸秆覆盖树盘，其经济效益和生态效益均较佳。

二、水分管理

（一）灌水

青枣虽然耐旱力较其他果树强，但在需水临界期必须保证充分的水分供应。

青枣果实含水 80％左右，枝叶、根内含水 50％左右，水分是树体各部分的重要组成部分，缺水将会影响根系吸收矿质养料，新梢生长减弱，果实不能正常膨大。土壤干旱又逢天晴时，青枣幼果白天暂时表现出失水皱缩现象，而叶片则不易表现出失水萎蔫症状；土壤过于干旱时，果实会失水过多，难以恢复，引起大量落果；果实发育后期土壤严重干旱时，会使果实早熟，果小而失去商品价值。因此，应根据青枣生长中的不同时期对水分的需求，结合当地的气候，土壤干湿状况，及时进行灌溉。一般而言，青枣有以下几个关键需水期：

第一，萌芽及新梢生长期。青枣与其他果树不同，每年实行"剃光头"式的强剪，仅留部分主干，而新主干、主枝是上年主干上的潜伏芽萌发抽生而成。此期一旦缺水，将极大影响树冠的大小、果实产量。对于春旱严重的地区，一定要保证这一时期的灌溉。在每年的 4—6 月间，一定要灌水 4～5 次。

第二，幼果膨大期。青枣谢花后 30 天左右，幼果细胞分裂很快，果实纵径生长量大。如果此时缺水，就会影响果实纵径发育和后期体积增大，同时也易导致幼果脱落。

第三，果实第二次快速膨大期。青枣果实硬核期结束后，紧接着是果实第二次迅速生长膨大期。这一时期需充分供应水分，否则将对产量和品质影响很大。一般情况，果实发育后期膨大的体积占总体积的 3/4，此时缺水，不但影响果实增大，也会增加裂果。

在实际生产中，果农难以区分两次果实膨大期的起始与终止时间。一般做法是：修剪后立即灌水，至花前半个月（6 月底）均要保持果园湿润；然后间隔一个半月左右，在幼果坐果后果实直径为 1.5 cm 左右时开始灌溉，并经常保持果园湿润。这期间若天旱无雨，则应维持 10～15 天灌水 1 次，并采取覆盖保湿或穴贮保水等措施，让果园保持经常性湿润。

灌溉方法有沟灌、树盘浇灌、喷灌和滴灌等。沟灌和树盘浇灌简单易行，但易使土壤板结，且耗水量多。喷灌、滴灌方法先进，土壤结构不会受到破坏和造成板结，用水节约，但一次性投入大。不论采用哪种灌溉方法，都应掌握一次性使青枣树根系分布层的土壤充分湿润灌透，这样才能保证满足水分供应，同时减少土壤板结程度。

（二）排水

青枣虽然比较耐旱但不耐涝，由于青枣树根系呼吸作用强，需氧量高，若排水不良，则会抑制根系呼吸，降低吸收功能，故青枣园忌积水。积水会使根系腐烂，叶片黄化，生长不良，落花落果严重。因此，排水也是青枣园管理的一项重要工作，尤其是低洼地和土壤黏重或杂草多的园地，必须在雨季来临之前清理排水系统，清除杂草，做到明暗沟排水畅通。对于地下水位较高的果园，要起高畦，开排水沟，以降低水位和增强排水。

三、营养与施肥

施肥是维持土壤肥力、满足果树生长发育所需营养元素的重要措施。施肥的种类、数量和方法，以及各种元素的配比关系都会影响施肥效果。因此，在生产上必须实行科学施肥。

(一) 需肥特性

青枣是多年生的小乔木，根深叶茂，花多果多，每年实行主干更新的重修剪，树体的生长和果实的发育都需要大量的养分。Khanduja 等 (1984) 测定印度青枣丰产果园的叶片养分含量是：氮为 2.77%～3.32%，磷为 0.18%～0.32%，钾为 1.69%～1.96%，钙为 1.07%～1.36%，镁为 0.39%～0.50%。臧小平等 (1999) 调查南亚热带作物所青枣果园的叶片养分含量是：氮为 2.91%，磷为 0.203%，钾为 0.96%，钙为 2.37%，镁为 0.46%。青枣植株生长迅速、生长量大，嫁接定植当年即可开花结果，且具有丰产及修剪强度大等特点，因而树体生长和果实发育都需要大量的养分。

青枣叶片养分含量随着叶龄增加呈规律性变化。在印度，经每年 5 月的主干更新后，叶片中氮、磷、钾含量随叶龄增加而下降，硫、锌、铜含量也随叶龄增加而下降，而钙含量却显著增加，镁含量次之，铁、锰含量则不甚明显。从坐果期至收获，果实中氮含量呈逐渐增加的趋势，钙、镁含量表现下降，而磷、钾含量只是在初期才显著上升，而后就逐渐下降。在坐果后 15 天，果实中铜、锌、锰、钙和镁含量达到最高，钾含量在坐果后 75～105 天达到最高，铁含量在坐果后 105～150 天达到最高。

青枣是需肥量较多的树种，根据多年试验和生产实践来看，参照我国台湾地区的施肥标准更合适。各青枣生产区可根据各地土壤生产实际，做到"看树"(看树势、产量和品种) 施肥和"看土"(看土质和肥力) 施肥。氮、磷、钾三要素比例，我国台湾地区推荐的施肥比例为氮：磷：钾=4：2：5，印度提出的标准为 5：1：3，而国内有人提出应为 1：1：1.5。三者之间存在较大差异，可能是不同地域土壤肥力不同所致，也可能是品种间的差异所致。此外，有研究认为青枣的施肥应该重施磷、钾肥，并重视钙、镁、硼、锌等微量元素的合理施用，忌偏施氮肥；应重施有机肥，忌偏施化肥。另外，青枣对微量元素的需求量比一般果树要大，通过喷施叶面肥来满足青枣对微量元素的需求，既可保持叶片青绿光亮，又能提高果实品质。

另外，镁肥对青枣的优质丰产影响甚大。青枣本身对镁的需求量较高，在酸性土壤或连续施钾肥及熟石灰粉的土壤中易产生缺镁症，尤其是高朗 1 号 (五十种)。缺镁时，老叶脉间失绿黄化，但叶脉仍保持绿色。缺钾时，初期表现为下部叶片前端边缘处开始产生黄化现象，并逐渐扩展至叶基，但主脉仍保持绿色，末期叶缘坏死。缺硼时，果面粗糙呈瘤状，果肉褐变坏死，种子败育率高，易产生畸形果。钙对青枣生长及果实膨大、脆度有直接影响，锌则可提高果实的光泽度，应注意补充。

（二）施肥技术

青枣枝梢生长量、开花结果量极大，同时每年果实采收后要进行重修剪，树体养分损耗量也大，因而需肥量大，尤其对有机肥料特别需要。各元素中，青枣对磷的需求量较少，对钾和镁的需求量大（尤其在结果期），结果量大时容易缺硼和锌。有机肥可集中分 1～2 次施入，速效肥由于容易流失，应分多次施入。以下为多年生丰产树施肥标准，可依树龄、坐果量酌情增减。

1. 基肥

基肥就是供给青枣树生长结果的基础肥料。基肥以有机肥为主，配合速效氮、磷、钾肥。基肥施用时，应掌握"深、重、全"的原则。"深"即深施，深挖肥沟，这有利于改良深层土壤肥力，引根向下生长。同时，挖断部分根系，能起到根系修剪更新的作用，增强根系活力。施肥沟的深度应视土层的厚薄，一般以挖 40～50 cm 深为宜。"重"即基肥施用量宜多，用肥量应占全年总量的 60% 以上。"全"即要求基肥施用肥料的种类要齐全，有机肥和无机肥，速效肥和迟效肥，以及氮、磷、钾、镁等元素合理搭配施用。

青枣施基肥一般在采果后或主干修剪后（即 4 月份），并多采用挖环状沟的方式施入。基肥按"1 kg 果施用 1 kg 肥"的标准施入，而氮、磷、钾则按全年施肥总量的 60% 施入。另外，由于青枣易缺镁，镁肥的补充应与基肥的施入同时进行，这样其效果较佳。

如果深施有机肥，对青枣树根系损伤较大，故有机肥的施用期应尽量避开生长结果期。青枣的有机肥施用适合时期为回缩修剪前后的 2 月至 3 月，此时进行施肥断根还有调节根冠比平衡、促进枝梢生长的作用。每株开穴深施禽畜粪30 kg、麸饼肥 1.5 kg、过磷酸钙 0.5～1.0 kg、熟石灰粉 0.5～1.0 kg，并充分与土壤混匀。熟石灰粉撒入施肥穴下层，过磷酸钙施于上层，要避开两者接触，以免生成难溶、难利用的磷酸钙，降低肥效。

2. 追肥

追肥就是在施基肥的基础上，根据青枣树物候的进程和生长结果的需要，适时补充施肥。青枣树在年生长周期中，一般有以下几个时期需要通过追肥补充营养，即花前、幼果期、硬核期及采果前。

（1）壮梢肥：青枣于 3 月回缩修剪后，一个月开始萌发新梢，从 4 月至 8 月新梢不断抽生。壮梢肥在大量开花结果的两个月以前，即 4 月至 6 月施用。施肥以速效氮肥为主，氮磷钾适宜比例为 2：1：1。每株树的施肥总量为氮、磷、钾含量各为 15% 的挪威复合肥 1.5 kg 加含氮 46% 的尿素 0.5 kg，分 3 次施用。由于青枣从回缩至抽出新梢有长达一个月的时间，所以壮梢速效肥不宜过早施用，以免养分流失。

（2）促花肥：青枣大量开花结果期为9月至10月，但要在提早两个月左右的7月至8月间既要长梢，又要开花结果，就必须追施适量的速效性肥料使植株及时转入生殖期生长。其施肥量应占全年的20％。追肥主要偏重于磷肥，结合有机肥，氮∶磷∶钾＝0.25∶0.43∶0.32为宜。若树势较弱，则可增加氮肥的用量。此次的有机肥一定要用发过酵的肥料，否则可能在幼果期引起短暂的缺氮。其主要原因是未发酵的肥施入后在其发酵过程中会产生高温及有毒气体，引起烧根，并且微生物在发酵过程中会消耗氮素。因此，追肥中需要配合高氮型的有机肥，如豆饼、花生麸、牛粪等，而磷肥的施用量应占总量的20％～30％，最好是磷酸铵等高磷复合肥。另外，此次施肥常采用挖浅沟追施。

（3）保果肥：保果肥在每年的9—10月施入，占全年施肥量的10％，以氮、钾肥为主，氮∶磷∶钾＝3∶1∶6为宜，以利于果肉细胞的增殖。

（4）壮果肥：幼果期间追肥对于果实增大十分重要。此期主要以氮肥为主，多采用根外追肥，通常以尿素叶面喷施。土壤追施以穴洞施肥较好，即在树冠沿线均匀挖个小洞穴（长、深各20 cm），把肥撒入洞穴之中。要避免沟施，以减少伤根。可在幼果期每株施用麸饼肥1.5 kg，开浅穴施入，并与土混匀。速效肥于10月至12月施用，氮、磷、钾适宜比例为2∶1∶4。每株施复合肥1 kg、尿素0.25 kg、钾肥0.3 kg、硫酸镁0.1 kg、硫酸锌50 g，分3次施入。叶面肥可结合喷洒农药时施用，可在药液中加入0.1％的绿芬威1号或绿芬威2号，或加入0.4％硫酸镁和0.2％磷酸二氢钾、0.2％硫酸锌和0.2％硼酸。在硬核期和采收前20天左右各施1次以磷、钾肥为主的果熟肥，在树盘上挖2～3个放射状施肥浅坑施入。这两次追肥可显著增进果实品质和提高产量，应以速效性钾肥为主，以穴施为佳。

总之，青枣追肥的时期与方法应灵活掌握，应做到"看树施肥"。根据不同树龄、树势、花量、坐果量和品种特性而分别对待。总结各地生产经验，以上年追肥次数基本上可满足青枣正常生长和结果的需要。

四、树冠管理

（一）整形修剪

青枣枝条以侧向斜生为主，树冠面积大，分枝多，枝梢柔软、细长、脆弱，易受风害，加上挂果量多，枝干易断裂。因此，要进行合理的修剪才能形成良好的树形，以便通风采光，减少病虫害，提高产量和品质。

1. 丰产树形的确定

在引种栽培青枣的过程中，中国热带农业科学院南亚热带作物研究所进行了青枣多种树形修剪观察。由于青枣特喜光，下部荫蔽枝很难开花结果，本身枝梢具有斜向上生长的特性。故生产上宜采用枝条开张、通风透光的开心树形，以适合青枣自然生长。目前，多采用的树形是整形易、成形快的三主枝自然开心形和多主枝自然开心形。

三主枝自然开心形树冠特点是无中心主干，树干高 30～40 cm，定干高度为 60 cm，在整形带内选留和培养生长势相近、方位分布均匀的 3 根新梢作为三大主枝。主枝基角 45°～60°，主枝第一侧枝距主枝基部 30～40 cm，第二侧枝距第一侧枝 30 cm。所有主枝的奇数侧枝同向，而偶数侧枝则在另一方位同向。主枝和侧枝上，在不影响通风透光的前提下，应尽量多留小枝。多主枝自然开心形树干高 30～40 cm，主枝 4～5 根，每主枝留侧枝 3～4 根，主枝基角 45°～60°，其他与三主枝自然开心形基本相同。

采用何种树形，要依树而定，包括树龄、树势、品种。一般说来，1～2 龄树，由于树冠不大，为提高前期产量，多采用多主枝自然开心形，而 3 龄及多龄树则宜采用三主枝自然开心形。高朗 1 号分枝较疏宜采用多主枝自然开心形，留 4 根主枝，这样产量高，而福枣由于生长势旺，分枝密，宜采用三主枝自然开心形。当然，土壤肥水情况也是确定树形时要考虑的因素，若肥水差则采用多主枝自然开心形。

2. 青枣的整形修剪

整形是把树按一定的形状通过修剪措施来实现的。良好的修剪技术，可以调整和构成坚固的树体骨架及改善树冠结构，使其充分利用空间位置，扩大树冠，合理利用光能。

（1）主枝更新修剪：新植树在定植前后，当幼苗长到 50～60 cm 高时，在离地 30～40 cm 处剪断，促使下方侧枝抽生，并用竹竿支撑，保持幼苗直立。侧枝抽发后，选择生长势相近、健壮、分布均匀的 3～4 根作为主枝，并用竹竿诱引至四方，使其均匀分布，形成开心形，主枝与树干成 40°～60°角，主枝上离主干 30～40 cm 留第一侧枝，距离第一侧枝 30 cm 处留第二侧枝，随后在主枝上交互形成肋骨状侧枝（二级分枝），侧枝继续抽生新梢形成当年结果枝（三四级分枝）。此后，尽量多留侧枝；剪除徒长枝、弱小枝、主枝上的直立枝以及砧木上的分枝。2 年生以上的青枣树，在果实采收（每年 2 月至 3 月）后，需对主枝进行回缩修剪更新。其更新方式有以下三种：

①短截主枝更新法。在每年春季采收果实后，将主枝在原嫁接口上方 20～30 cm 处锯断，待新梢长出后，留位置适当、生长粗壮的 3～4 根枝梢培育成主枝，随后主枝上发生侧枝，侧枝上形成结果枝，至当年 7—8 月即可长成原有的茂盛树冠，并开花结果。

②预留支架更新法。将主枝留 1.5 m 短截，并剪去主枝上所有侧枝，然后于

主枝基部约 30 cm 处环割（剥口 5～10 cm，太窄则易愈合），刺激主枝剥口下方萌芽，选留靠近主干处的 1 个壮芽，将其所发新枝引缚于原主枝上，培育成当年的新主枝。随后主枝上发生侧枝，侧枝上形成结果枝。旧主枝在此成为自然而有力的支柱，可连续使用两年后锯去。

③嫁接换种更新法。青枣容易发生芽变和自然杂交，新品种层出不穷，加上青枣嫁接换种简易，嫁接后当年就可正常开花结果，同时也起到更新树冠的作用。因此，嫁接换种更新法常被果农采用。采果后，在主枝离地面 30～60 cm 高处锯断，用腹接法或切接法在每个主枝上接上优良品种的接穗。腹接法由于不用剪砧，可提早至采果前进行，采果后再将接口以上锯去。

（2）树冠更新修剪：每年在采果后进行一次树冠更新修剪，从嫁接口上方 20～30 cm 处锯断，约一个月后从断面下方基干上萌发许多新梢，根据种植密度从中选发育良好、位置适当的 2～4 根作为当年的新主枝，让其生长形成新的树冠。

（3）长梢修剪：有些果农为提早开花或减少劳作，在果实采收后进行长梢修剪，即把旧主枝留 1～1.5 m 左右长，修除其上所有的枝叶。待一个月后主枝上长出新梢，成为结果母枝。当其长至 50 cm 左右时再摘心剪梢，促使萌发新梢成为主要结果枝。这种修剪方式，具有能提早开花和提早结果的优点，但要特别注意主干上的侧枝需健壮，着生位置要适当，过密、过弱枝要疏除。

（4）花前修剪：主干更新修剪后的植株，枝梢生长旺盛，常在花前摘心、剪梢，以促使萌发结果枝。为避免树冠交叉重叠，开花前，树冠内部过分茂密的枝条需要进行疏剪，并对结果后可能太低太接近地面的枝梢进行短截，以保持光照充足，通风良好。

（二）搭架固枝

青枣枝梢修长脆弱，结果又多，结果后枝条常不堪重负而折断；并且，枝条上有刺，若不固定结果枝，则风吹枝动时，枝刺会把果实划伤，表面留下伤痕，影响外观。因此，青枣常需要立支柱或四周搭架，并将果枝绑缚固定。青枣搭架固枝可采用以下几种方式。

1. 倒"V"字形架

此搭架方式适合于宽行窄株距栽培的青枣。例如，行距为 4 m，株距为 2 m，则架顶高 2.5 m 左右，地面宽 2.5 m 左右。此架能充分利用果园空间，结果面积大，产量高。

2. 篱壁式架

此搭架方式是用水泥柱，或竹、木、钢管等作为柱子，柱高 2.5 m，埋土深 0.5～0.6 m，沿株距方向，在植株的两侧埋柱，柱距 4～5 m，横拉 2～3 根铁丝，采用双主枝"V"字形整形，枝梢分层分布在铁丝上。

3. 棚式架

棚式架的架高为 1.8~1.9 m，材料用水泥柱、铁管、竹、木、铁丝等。根据种植密度，采用 2~3 根主枝整形，主枝上架后均匀分布在架面上。

4. 拉线式架

拉线式架是沿株距方向打桩，然后拉一根铁丝（或竹、木条），用绳将枝梢吊起，不下垂。此搭架方式适用于宽行窄株距双主枝的青枣树整形。

5. 单柱式架

在靠近植株旁打一个桩，桩高 2~2.5 m，在柱上绑绳将枝条斜拉吊起。此搭架方式适用于中等密度、3~4 根主枝的青枣树整形。

6. 框式架

在植株周围立 3~4 根柱，柱高 1.2~1.5 m，柱上绑竹或木条，形成四边形或三边形架。此搭架方式适用于疏植的、有 3~4 根主枝的青枣树整形。

为省工省料，支架也可利用其上年结果的树冠骨架。具体方法是：在更新修剪时，留主枝 1.5 m 左右长，去除其他枝叶，在主干中部砍割一圈，类似环割，伤及木质部。这样做的目的是抑制作为支架的主干上部所残留的芽的发育，而基部萌发许多新梢，选留健壮枝作为新主干，再培主枝、侧枝、结果枝，并将其侧枝、结果枝固定在去年旧主干枝形成的支架上。

（三）花果管理

1. 保花保果

青枣花量特大，自然会出现自疏现象，而且花、果、梢枝同时进行发育，养分竞争矛盾大，落花落果十分严重，尤其更新后树冠抽生的新枝往往生长过旺，致使第一批花的坐果率普遍很低。因此，应采取保花保果的措施，提高坐果率，以确保丰产稳产。

（1）落花落果原因：据相关资料报道，青枣花果一般有 3 次较为集中的脱落时期，第一次落花在开花后 5~8 天，第二次落花在开花后 15 天左右。这两次花脱落的原因，可能主要是树体贮藏的养分不足、雌雄蕊发育不全、花器官生活力减弱或授粉受精不良、更新后新梢生长旺及花量大而产生养分竞争等，从而导致花朵间的自疏。主干更新后，第一批花（5—6 月份）往往由于重修剪后抽生新主干、主枝和新梢旺长，缺乏养分供应，而导致落花非常严重，几乎无经济产量。授粉树配置不合理的果园落花落果严重，而授粉树配置合理的则较轻。此外，蚂蚁啃食花朵雌蕊也导致落花。第三次是在硬核期落果，其主要原因是树体一边抽梢，一边开花结果，且此时果实发育消耗养分增加，从而导致树体养分消耗过多，养分竞争加剧。设施栽培果实内大多数无种仁或种仁率低，种胚产生的赤霉素不足，导致果实竞争养分能力下降。此外，病虫危害、气候和土地条件异常，也常会导致落花落果。

(2)保花保果的措施：保花保果的措施主要包括加强土、肥、水的管理，果园品种合理搭配授粉，花期放蜂或挂腐肉引诱昆虫协助授粉，喷施0.3%硼砂，或喷施40~60 mg/kg的赤霉素，果枝顶端摘心等，均能提高花朵坐果率。果实硬核期要及时疏除过多的花果和先端后期形成的花序；疏除过密的枝条尤其是直立的徒长枝，减小养分竞争，改善通风透光条件；叶面喷施0.3%尿素，或喷施10~30 mg/kg的萘乙酸等均能减轻落果。此外，通过喷洒杀虫剂或主干涂抹石硫合剂等杀死或驱避蚂蚁，也能有效地提高坐果率。

2. 疏花疏果

(1)疏花疏果的原因："疏"的目的是"保"。在综合管理和环境正常的情况下，青枣的花量极大，开花坐果的数量常常超过树体养分所能负担的能力。通过合理疏花疏果，去除过多的花序及幼果，能有效减少养分消耗，改善树体营养状况，减轻花果本身的自锁现象，使留下的花果能获得比较充足的养分供应而继续发育，有利于提高坐果率和产量，同时改善了果实的分布和大小，能有效提高果实的整齐度和质量，使果实成熟期集中。但如果要调节产期，延长上市期，则应将果实距离和大小拉开，保留部分晚形成的花和幼果。因此，应重视和倡导疏花疏果，既能保花保果，又能达到提高产量和品质的目的。

(2)疏花疏果的时间：青枣的花量极大，每一枝梢叶腋均着生一花序，20~30朵小花，且一边长梢一边开花。因此，疏花疏果应根据需要分期分批进行，要勤疏早疏，早疏比晚疏好，早疏更有利于节约树体营养。一般在盛花期进行疏花，而后进行疏果。青枣每年虽有两批花，但第一批花几乎无经济产量。因此，疏花疏果，提高坐果率，是青枣丰产的途径。不过，具体的疏花疏果时间和次数，则需要根据品种特性、树体营养状况、肥水条件以及果实产期和上市的需要等，而灵活处理。第一次疏果一般在花后能分辨出小果时进行，第二次疏果也叫作定果，一般在花后一个月果实直径达到1.5 cm左右时进行。疏小果比疏大果好。

(3)留果量的确定：为了保证产量，在疏花疏果时必须做到心中有数。在疏花疏果和定果之前要做好估产、定产工作，然后确定单株留果量。根据品种、树龄、树势、肥水条件、树冠大小及开花情况等因素合理确定留果量，再根据品种果型大小计算出单株留果数。例如，高朗1号、新世纪、玉冠可按每0.5 kg留果量留有4~5个果计算，而福枣、特龙等品种可按每0.5 kg留果量留有6~7个果计算。另外，计算所得的留果数应加上5%~10%作为病虫果、落果等损耗，才是合理的留果数。单株留果数确定后，再按全树各主枝大小和长势的强弱，将全树留果总数合理分配给各主枝负担。强枝多留果，弱枝少留果。然后再根据主、侧枝上果枝数及果枝质量确定各枝上留果数。这样，疏果工作可以开始进行了。确定单株留果量，还可以采用叶果比进行留果，即按一个果实所需叶片数进行留果。根据中国热带农业科学院南亚热带作物研究所的试验，每一结果枝的留果数与其叶数比例可确定为4~10片叶留1个果（因品种而定）。例如，高朗1号可按4∶1~5∶1的叶果比留果，而福枣则可扩大至8∶1的叶果比留果。

（4）疏花疏果的方法：青枣开花时间长，花量大，目前还主要是人工疏除。疏花一般是以一朵花序为单位疏除。在盛花期开始疏除花序，一般要疏除花量的1/2~1/3。疏除时首先疏除枝梢末端晚形成的花序，而基部和中部的花序一般是去一留一，间隔疏除。第一次疏果时，首先疏去同一朵花序中多余的果，使每一朵花序保留一个果即可。第二次定果时，首先疏除萎黄果、病虫果、畸形果、小果，然后根据每枝确定的留果量，去小留大，去劣留优，留果节位尽量靠近枝条基部。为了调节果实产期，疏花疏果的时间、留果的部位和大小，应根据果实发育期和上市期来确定。

3. 果实套袋

青枣果实套袋，能明显起到改善外观品质、促进果实迅速膨大、增加单果重、避免受冻害、防治病虫危害、改善果品品质等的效果。因此，在有条件的地方可进行果实套袋。目前多用塑料胶袋，但用塑料胶袋却存在使果实含糖量降低的问题。

套袋往往结合定果进行，一边疏果定果，一边套袋，时间在11—12月份。当果实直径长至手指头大小（2~3 cm）时，选择晴好天气，在果树经过疏果和喷洒了1次杀菌、杀虫药剂后立即套袋。采用白色塑料袋（规格为宽8~10 cm，长12~15 cm，袋底部穿黄豆大的孔，以利于透气排水）将果实套上，收紧袋口，再用订书机封口。由于青枣果实糖分在采前一个月增加明显，为减小套袋造成果实糖分下降的影响，可在采摘前30天剪袋。剪袋最好在下午、傍晚进行，要避免在中午作业。

五、产期调节技术

青枣的成熟期集中在12月至翌年2月，加之果实贮藏期较短，果实采收后的处理将是一个较为突出的问题。若能将采收期提早至9月中秋节前后或延缓产期至翌年3月间，则可分散市场供货量，达到产期调节及提高果农收益的目的。青枣的产期调节方法很多，包括早晚熟品种搭配、延长光照时间、调整主干更新时期、调整更新修剪轻重程度等。目前使用较多、效果较好的为前两种产期调节方法。

（一）早晚熟品种搭配

早熟品种有梨子枣、特龙种、肉龙种，晚熟品种有碧云、红云、金车、黄冠等。利用不同品种的开花特性及果实成熟期的长短来调节产期是行之有效的方法之一。例如，黄冠自开花到果实成熟时间较长，需要130~150天，而玉冠需要

125~135 天，高朗 1 号及金龙、特龙则需要 100~120 天。这些品种的开花特性虽不尽相同，但若同时期坐果，则可利用果实的不同成熟期来分散产期 1~2 个月。

（二）延长光照时间

台湾省高雄市阿莲、田寮地区，以及台南市关庙、玉井地区的果农于 2 月中旬对青枣进行主干更新嫁接，6 月进行夜间灯照，可促进青枣提早开花，增加花量，提高坐果率，将产期提早到 9 月至 11 月，较正常产期提前 2 个月左右。夜间灯照处理以 40 瓦日光灯为光源，每亩 5~8 盏，架设于棚架上方 1~2 m 处。灯照时间用自动开关或感光器控制，照射 6~12 小时。至于照光期的长短也可依树体开花及坐果情况来调节，一般 20~40 天。此法施行时需要注意灯照时期树体的生育状况，如果枝条的生育日数不足，就会影响开花及坐果。因此，一般在主干更新后 100~120 天以上时施行灯照处理，效果较佳。

第七章　青枣设施栽培技术

果树设施是指采用各种材料建造的既有一定空间结构，又有较好的采光、保温和增温效果的设备，其有利于错开果品集中成熟上市季节，在果品供应淡季时进行生产来满足人们四季消费新鲜水果的需要。例如，适宜进行各种果树栽培的温室、塑料大中小棚，以及简易覆盖栽培等，均属于果树设施栽培。由于采用设施栽培果树，能创造适宜各种果树生长发育的环境条件，实现了新鲜水果的错季生产供应，而且充分利用了冬季农闲季节，经济效益和社会效益均高。因此，果树设施栽培在我国尤其在北方广大地区得到了充分应用和大力发展，具有广阔的市场前景。目前由于玻璃材料紧缺，价格昂贵，又易破损，所以采用玻璃覆盖的棚室较少，大多数则是采用塑料薄膜覆盖的棚室。而塑料薄膜覆盖的棚室成本低，效果好，适于大面积推广和应用。现阶段青枣在北方进行的设施栽培，已经取得了早果丰产、优质的良好效果。

一、概述

（一）青枣日光温室栽培的优势

1. 植株无自然休眠期，易于生长调控

在北方日光温室栽培条件下，给青枣提供了适宜生长发育的温度、湿度等环境条件，使其能快速生长，而无须像北方落叶果树那样采取措施打破休眠。同时，植株适于主干更新，因而便于人工控制树冠和生长发育，减少了技术环节，并且可实现四季栽植，繁殖方法简单、容易。

2. 植株生长健壮，花芽分化良好，当年实现早果丰产

青枣的花芽分化属于不定期多次分化型，只要环境条件适宜，管理得当，就能不断进行分化，受季节限制很少。同时，由于北方光照充足，空气干爽，植株生长健壮而迅速，不易徒长，只要加强当年管理，花芽分化就容易，而且分化数量多、质量好，可实现栽植当年株产 5 kg 以上。

3. 扩大栽植区域，避免自然灾害影响

由于设施的保护，青枣在北方日光温室条件下栽培，可避免南方露地栽培条件下的风、雨、雹、霜、雪、冻等自然灾害的影响。通过人为调节水、肥、气的

供应，既保证了树体和果实在最佳生态环境中生长发育，获得稳定产量和优良品质，又突破了地理纬度的限制，生产稳定，植株生长发育的立地环境可靠，并可在雨、雪、风等不良环境条件下，正常进行生产管理，提高劳动效率，降低生产成本。同时，还可通过人工调控改变植株的生长进程，进行异域错季生产，使不适合青枣生长的区域和季节，能够生产青枣，从而扩大了栽培区域。另外，因其花期环境优越，授粉受精良好，实现了丰产优质栽培的目的。

4. 树体病虫害少，可实现绿色果品生产

将青枣引入北方日光温室里栽培，病虫害极少；同时，由于北方光照充足，空气干燥，植株和新梢生长迅速而健壮，加之温室封闭，外界病虫难以传入蔓延。只要加强预防管理，完全可以不用或少用农药，具备了生产绿色果实或有机果品的有利条件。管理容易、省工，既降低了生产管理成本，又减少了果实及环境污染，非常符合人们健康消费的要求，发展前景广阔，市场潜力巨大。

5. 果实品质好，经济价值高

由于青枣的花芽是陆续进行分批分化的，花朵也分批开放，导致果实分批成熟，且果实挂果期长，不易脱落，从而大大延长了鲜果供应期，十分有利于安排销售。但因青枣果实不耐贮运，所以它在果品市场的季节性断档时间较长，尤其在北方地区的果品市场更是少见。采取温室提早或延后栽培，不仅延长了青枣鲜果的供应期，而且由于温室栽培青枣的采收期正值冬、春季鲜果供应的淡季，提高了青枣的商品价格，因此它又具有显著的经济效益。此外，果实成熟期正值元旦、春节消费旺季，又属珍稀特色热带水果，营养价值和医疗保健价值高，风味独特，成熟度好，因而经济价值高。同时，由于北方光照充足，昼夜温差大，积累干物质多，再加上品质好，风味好，口感佳，上市供应及时，从而解决了南方露地生产的青枣供应北方市场存在的成熟度差、品质不佳、不耐贮藏和运输距离远、损耗大、成本高等一系列问题。

6. 适宜多元化开发增值

青枣除适宜鲜食外，还非常适宜加工成果酒、果汁、果酱、果脯等，其市场需求量也大。同时，因青枣独特的植株形状和奇特的果实，又是制作盆景、观光采摘，尤其在冬季观光采摘的好材料，具有极高的观赏价值，是北方农业科技观光园、生态绿色餐厅适宜栽培的不可多得的优良观赏树种和日光温室内种植结构优化调整的好项目。

7. 为南果北栽和北果南移提供了理论与实践的范例

随着科技的发展和工业化水平的不断提高，在设施栽培条件下，通过采取有效的增温和制冷技术，完全可以为各类果树在不适宜自然生长的区域内创造适宜生长结果的环境条件，从而使各类果树原有的自然栽培界线和区域被彻底打破。所有的果树都可以在世界各地生长结果的愿望终将变为现实，一直争论不休的南果北栽、北果南移的问题，将通过设施栽培的发展，迎刃而解，并画上完整的句号。青枣在北方日光温室里栽培的成功，已经引导了更多的热带、亚热带果树，如火龙果、菠萝、杨桃、人参果、香蕉、木瓜、百香果、番石榴等在北方安家落户，并提供了理论和实践的成功实例，也必将影响更多的北方果树走向南方栽培，并探索创建新的理论和实践实例。

（二）青枣日光温室栽培的区域

因青枣不耐霜冻，所以只要在有霜冻的地区，就必须采取温室或大棚栽培。确切地讲，冬季最低气温在 0℃左右的地区，可采取无覆盖物的大棚栽培青枣；最低气温在−5℃～−10℃的地区，必须采取有覆盖物的大棚或温室栽培青枣；最低气温在−10℃～−30℃的地区，栽培青枣必须采取温室栽培的方式。在我国中、北亚热带有霜冻地区及北方寒冷地区，采用温室和大棚等设施栽培青枣获得成功，既扩大了青枣栽培的区域，也丰富了北方地区的果树资源。

二、塑料薄膜日光温室的类型与性能

温室的结构要求采光、增温和保温性能良好。从我国目前的实际情况看，由于地理位置不同，即纬度、太阳入射角、气候条件、资金实力等的不同，各地使用的建筑材料有所不同，形成了众多不同的温室类型。日光温室通常坐北朝南，东西延长，东、西、北三面筑墙，设有不透明的后屋面，前屋面用塑料薄膜覆盖，作为采光屋面。日光温室从前屋面的构型来看，基本分为一斜一立式和半拱式。由于后坡长短、后墙高矮不同，又可分为长后坡矮后墙温室、高后墙短后坡温室、无后坡温室（俗称半拉瓢）。从建材上又可分为竹木结构温室、水泥结构温室、钢筋水泥砖石结构温室、钢竹混合结构温室。目前应用较多的是以水泥、钢筋、竹木等作为骨架，屋面覆盖塑料薄膜及草苫或保温被的塑料薄膜日光温室。该温室的室内热量来源主要依靠太阳辐射，一般有不加温和辅助加温两种形式。

决定温室性能的关键在于采光和保温，至于采用什么建材主要由经济条件和生产效益决定，比较常用的温室有一斜一立式温室和半拱式温室。"模式"日光温室一般采用带有后墙及后坡的半拱式日光温室，这种温室能充分利用太阳能，其棚膜又具有较强的坚固性。因此，温室结构设计及建造应以半拱式为好。

（一）一斜一立式塑料薄膜日光温室

一斜一立式塑料薄膜日光温室是由一斜一立式玻璃日光温室演变而来的。20世纪 70 年代以来，塑料工业的快速发展，以及塑料薄膜的性价比较玻璃优越，用塑料薄膜代替玻璃覆盖一斜一立式日光温室得到了推广，最初在辽宁省瓦房店市兴起，现在已辐射到山东、河北、河南等地区。

温室跨度 6～8 m，脊高 2.8～3.5 m，前立窗高 80～90 cm，后墙用土或砖石

筑成，高 1.8~2.5 m，后屋面水平投影 1.2~1.3 m，前屋面采光角达到 23°左右（如图 7-1 所示）。一斜一立式塑料薄膜日光温室多数为竹结构，前屋面每隔 3 m 设一横梁，由立柱支撑。

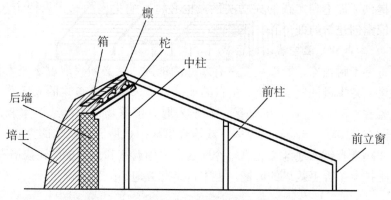

图 7-1 普通一斜一立式塑料薄膜日光温室

这种温室空间较大，弱光带较小，采光好，升温快，结构简单，造价低，空间大，作业方便，便于扣小棚保温，在北纬 40°以南地区应用效果较好。但前屋面压膜线压不紧，只能用竹竿或木杆压膜，既增加造价又遮光。一斜一立式塑料薄膜日光温室适合于我国北方地区在秋、冬、春季节，栽培桃、葡萄、矮樱桃、杏、李、青枣、火龙果等果树。

20 世纪 80 年代中期，辽宁省瓦房店市的农业科技人员又在普通一斜一立式塑料薄膜日光温室基础上对其做了改进，创造了琴弦式日光温室。该温室的前屋面每隔 3 m 设一桁架，桁架用木杆或用 25 英寸钢管，并用直径为 14 mm 钢筋作为下弦，用直径 10 mm 钢筋作为拉花。在桁架上按 30~40 cm 间距，东西拉 8 号铁丝，铁丝东西两端固定在山墙外的基部，以提高前屋面强度。拱架间每隔 75 cm 固定一根细竹竿，上面覆盖薄膜，膜上再压细竹竿，将膜上下的细竹竿用细铁丝捆绑在一起，盖双层草苫。温室的跨度为 7.0~7.1 m，脊高为 2.8~3.1 m，后墙高为 1.8~2.3 m，用土或石头垒墙加培土制成（经济条件好的地区以砖砌墙），后坡长为 1.2~1.5 m。近年来，温室垒墙又出现了用使用过的编织袋装土块来垒墙的做法（如图 7-2 所示）。

琴弦式日光温室采光效果好，中间大，作业方便，室内前部无支柱，便于扣小棚和挂天幕保温。琴弦式日光温室适合于我国北方地区在秋、冬、春季节，栽培桃、葡萄、李、樱桃、台湾青枣、火龙果等果树。

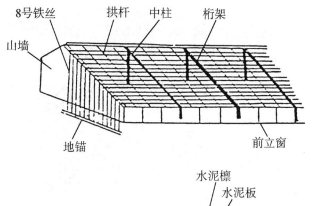

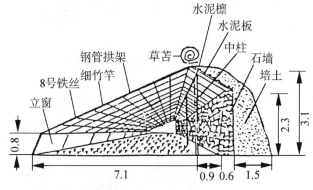

图7-2 琴弦式日光温室

（二）半拱式塑料薄膜日光温室

半拱式塑料薄膜日光温室是由一面坡温室和北京改良温室演变而来的。20世纪70年代，因木材和玻璃紧缺，温室的前屋面改松木棱为竹竿，用竹片作为拱杆，以塑料薄膜代替玻璃，屋面构型改一面坡和两折式为半拱形。温室跨度多为6~6.5 m，脊高为2.5~2.8 m，后屋面水平投影为1.3~1.4 m（如图7-3所示）。这种温室在北纬40°以上地区最常见。

无柱钢竹结构日光温室如图7-4所示，矮后墙长后坡竹木结构日光温室如图7-5所示，高后墙矮后坡竹木结构日光温室如图7-6所示。

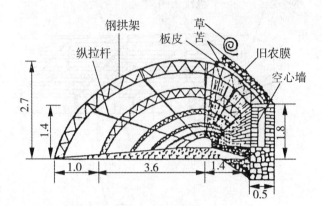

图 7-3　半拱式塑料薄膜日光温室

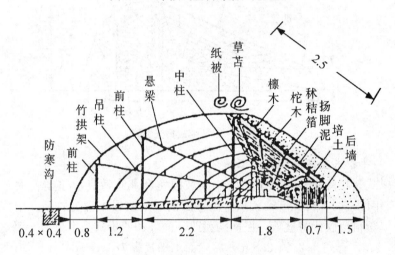

图 7-4　无柱钢竹结构日光温室

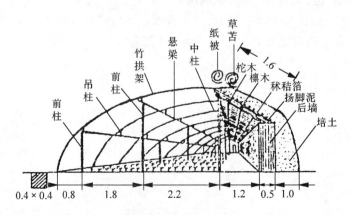

图 7-5　矮后墙长后坡竹木结构日光温室

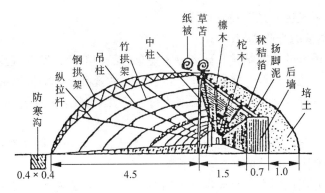

图 7-6　高后墙矮后坡竹木结构日光温室

　　从太阳能利用效果、塑料薄膜棚面在有风时能减弱被吹打现象和抗风雪载荷的强度出发，半拱式温室优于一斜一立式温室。故优化的日光温室设计是以半拱式为前提的。

　　以上的各种塑料薄膜日光温室类型，在实际应用中，应根据所栽的果树种类、当地的具体条件和所采用的管理技术措施等来进行合理选用，并根据外界温度变化，在温度过低时进行辅助加温。

三、日光温室的环境调控

　　果树露地自然栽培常因气候条件难以控制，往往会遇到环境灾害或目标管理上力不能及的问题。设施栽培为果树创造了一个特殊的小区域环境，通过调节与果树生长发育密切相关的温度、湿度、光照、水分、二氧化碳等因素，在外界非适宜条件下为果树创造了适宜的小气候，以进行反季节果树生产。环境调控是果树设施栽培的重要环节，其调控的适宜与否是设施栽培成败的关键。

　　（一）日光温室的光照条件及调控

　　1. 日光温室的光照条件

　　同露地栽培一样，光照作为果树生长发育的能量基础，是设施栽培中重要的影响因素之一。温室内的光照强度主要取决于室外自然光照状况、温室结构、附属物及周围相关物件的遮阴状况。总而言之，不管哪种设施结构，由于受到温室支柱、拱架、墙体等的遮阴，塑料薄膜的反射与吸收，塑料薄膜内面凝结水滴或尘埃污染等的影响，温室内的光照强度明显低于室外，其强度大约是自然光照的 60%～70%。日光温室的日照时间以 12 月份及 1 月份最短，为 6～7 小时；5—6 月份最长，为 11～12 小时。在垂直方向上，以薄膜为光源点，高度每下降 1 m，光照强度大约减少 10%～20%，越靠近地面，光照越弱，所以在棚室设计上尤其日光温室，高度不能太高。水平方向上，塑料薄膜日光温室的光照强度（以东西走向为例）以中柱为界限，中柱以南（以前）为强光区，光照强度高；中柱以北（以后）为弱光区，光照强度较低。

2. 日光温室的光照调控

（1）合理适宜的温室结构：要充分考虑果树品种的生长发育特性及其适宜的温度和湿度等在便于调控、坚固耐用、抗性较强的基础上，降低温室高度，以增加下部光照；并且，要尽量减少温室支柱、立架、墙体、附属物等对光照的影响。

（2）选择透光性能好的覆盖材料：一般情况下，无滴膜透光性优于有滴膜，并应及时清除黏附在其上的灰尘、污物等。

（3）充分利用反射光：日光温室内的地面应铺设反光地膜，或在墙面上悬挂反光幕，充分利用反射光。

（4）人工补光：在超早期设施栽培中，对低于果树的植物如草莓，以及在连阴天和雨雪雾天，可以进行人工补光。

（5）适宜的种植密度和树形以及正确的整形修剪：合理密植，不盲目加大密度；培养采光性能好的树形，青枣主要采用自然开心形的树形；冬季修剪时，要及时疏除挡光大枝和其上过高过大枝组；夏季要加强修剪，及时摘心，扭梢控旺，疏除密生梢、竞争梢，防止树冠戴帽遮阴。此外，要控根栽培，栽培时起高垄浅栽，促网状水平根，控豆芽状垂直根。

（二）日光温室的温度条件及调控

1. 日光温室的温度条件

设施栽培为果树创造了优于露地环境生长的温度条件，但其气温变化对果树生长发育影响极大，高温和低温都会对果树造成不可逆转的伤害。日光温室内气温的高低，主要与天气有关。在晴朗无云或少云的天气，即使在严寒的冬季，白天日光温室内气温仍可达到20℃～30℃，在早春和春天，气温可达30℃以上，最高可达40℃；但如果遭遇阴天、多云天气或连续雨天，则温室内气温较低，室内外差异不大。冬天和早春进行设施栽培时，如果保温措施不当，温室内气温往往会出现"室温倒转"现象，即在夜间尤其日出之前的黎明时刻，温室内气温低于温室外气温的现象，这主要由于温室内散失的热量不能得到及时补充所致。"室温倒转"现象会给果树造成很大危害，尤其在花期前后，严重影响坐果率，应采取保温措施加以预防。

温室内气温具有明显的季节变化特征。在北方12月下旬至翌年1月下旬，温室内气温最低，尤其是夜间气温，若不采取盖苫等保温措施，一般温度都在0℃以下，基本上无法进行果树生产。2月至3月下旬，温室内气温明显回升，夜间如果有保温措施，气温可达10℃以上；在北方可用温室进行夜间无保温措施的春季提前果树生产，此时白天的温室内气温一般可达25℃～30℃。3月中、下旬以后，随着外界气温的回升，温室内气温相应升高，夜间一般可保持在

7℃～10℃，而白天在晴天少云天气下温室内气温最高可达35℃～48℃，易发生高温危害，须加强温度降低的通风管理。

温室内气温的日变化趋势与露地相类似。一般温室内最低温度在午夜至凌晨日出前，日出后随太阳辐射，温室效应加强，气温上升，随太阳高度增加，气温上升很快，在密闭条件下，每小时可升高7℃～10℃；温室内最高温度出现在11—13时，14时后温度又开始下降。温室内气温的日变化比露天自然条件下剧烈，尤其是晴天日照好的天气，而阴雨多云的天气气温变化相对平缓。依据整个温室内气温的特点及果树生长发育的习性，果树在进行设施栽培时其温度管理有两个关键时期：

（1）扣棚至花期前后的保温，尤其是夜间的保温措施要正确，以防止低温冻害。此时期如果温度过高，白天的气温超过25℃，就会使花器官受伤，柱头萎缩干枯，黏性下降，有效授粉时间缩短，花粉生活力降低，从而使坐果率降低，幼果发育受阻。但如果遭遇低温，尤其是夜间温度降至0℃以下，就会发生严重的花期冻害。这是目前生产中普遍存在的问题，也是造成设施栽培失败的主要原因。因此，应注意花期的夜间保温措施，花期一般要求白天的气温为20℃～25℃，夜间的气温为5℃～10℃且不低于5℃。

（2）果实发育期的白天要有适宜的气温，要防止白天的温度过高。此时期如果温室内气温超过30℃，就会引起新梢徒长，加重生理落果及果实生理障碍等，造成高温伤害。

2. 日光温室的气温调控措施

（1）夜间保温措施：

①温室加盖草苫、纸被、布帘、无纺布等。

②温室内的地面应全部覆盖黑色地膜。

③根据天气预报，在夜间温度骤降时，点火熏烟或人工加温。

④挖设防寒沟，在温室壁内外紧贴壁底，挖深40～60 cm、宽40～50 cm、沟的走向与温室的走向相同的防寒沟，其间填充秸秆、杂草、锯末等。

⑤冬暖式日光温室加厚墙体。

（2）白天降温措施：一旦覆盖保护，不论前期，还是中后期，都要注意白天温室的最高气温，如果超过30℃，就要及时通风降温。目前，我国的温室温度调节还比较原始，降低气温还仅限于通过开启风口来自然降温。一般在上午9时开启风口通风降温，下午4时关闭风口保温。通风时间的长短应根据物候期、温室内温度灵活掌握。

3. 土温

在果树设施栽培中，常常会出现果树经加温后萌芽迟缓、不整齐、失叶后花、花期碎长等现象。这除与自然休眠、气温管理等有关外，还与覆盖加温后土

温上升缓慢，土温和气温变化不协调有关，再加上土温变化幅度大，从而使根系活动迟滞，尤其是表层根系活动无规律。因此，在果树设施栽培中，如何在前期提高土温，使土温和气温协调一致，对开花坐果至关重要。生产中，一般在扣棚前20~30天，果树温室内要在充分灌水后覆盖地膜，以提高土温。原则上是宜早覆盖，而不宜晚覆盖。若临近扣棚或扣棚后再覆盖地膜，则对提高土温作用不大，甚至使土温上升更慢。

（三）日光温室的湿度条件及调控

1. 空气湿度条件及调控

日光温室的空气湿度一般指空气相对湿度。扣棚后日光温室的空气湿度迅速上升，其变化随气温的变化而变化。但其趋势相反，温度高，空气湿度低；反之，则空气湿度高。由于温室在夜间的气温较低，空气相对湿度可达85%~100%；在白天的气温较高，空气相对湿度一般可维持在60%~70%。如果日光温室的空气湿度过高，尤其是花期不能开棚通风的情况下，就会造成花粉黏滞，生活力低，扩散困难，对坐果影响较大。因此，花期应设法降低空气湿度，使之保持在60%左右较为适宜。到了果树发育后期，如果空气湿度过高，就会使新梢徒长，影响冠域光照和花芽形成。因此，控制过高的空气相对湿度是设施条件下果树正常生长发育所必需的。

降低日光温室的空气湿度的办法：①通风换气，自然流通降低空气湿度。②地面全面实施覆盖栽培制度（覆膜、覆草等），减少地面水分蒸发。③控制灌水量和次数，改变大水漫灌制度，以滴灌、微喷灌为主，只要不过分干旱，一般不进行浇水处理。④如果空气湿度太高，则可在温室内每隔一段距离用容器放置生石灰、碱石棉等吸水降温；如果空气干旱，相对湿度低于40%，则可进行地面浇水、空气喷雾处理等调控措施。

2. 土壤湿度条件及调控

果树温室经塑料薄膜覆盖后，其土壤水分完全由人为调控；由于地面蒸发减少，土壤湿度相对稳定。温室栽培的果树大都是核果类果树，抗旱怕涝，在一定程度上要求少浇水。相关生产调查结果表明，在温室内地面全部覆盖的情况下，整个生育时期一般只在扣膜前充分灌水，其他时期基本上不再浇水；但如果干旱，则还是需要浇水保湿。相比设施栽培蔬菜、花卉，设施栽培果树的浇水量和次数相对较少。

（四）日光温室的二氧化碳浓度及调控

二氧化碳作为植物光合作用生产的原料，对果树的生长发育尤其是经济产量具有重要意义。二氧化碳浓度的高低及变化态势，对设施栽培果树生产较之露地栽培果树生产更为重要。在设施保护下栽培的果树，由于覆盖物而使其光照减弱，温室光照强度大约是自然光照的60%~70%，相应的光合强度也降低，光合同化能力下降。试验证明，在密闭条件下，通过增加温室内二氧化碳数量，提高二氧化碳浓度，可以弥补由于光照不足而导致的光合能力下降。一般情况下，当日光温室内的二氧化碳浓度达室外 3 倍（340 $\mu g/g$）时，光合强度亦提高到原来的 2 倍以上，而且在弱光下效果明显。因此，在目前设施栽培中，采取增施二氧化碳的办法已收到明显的增产效果。

在自然条件下，大气中的二氧化碳含量通常为 0.03%～0.34%。日光温室中的二氧化碳浓度随季节变化较大，温室内二氧化碳浓度变化主要由于土壤有机肥料的分解、土壤微生物及果树植株的呼吸作用。如果白天通风换气或设施协调开启通风口等，则温室中二氧化碳与外界大气进行交换。为了便于操作，并与肥水管理相结合，采用"营养槽"法增施二氧化碳效果较好。其具体做法是：在温室内果树植株间挖深为 30 cm、宽为 30～40 cm、长为 100 cm 左右的沟，沟底及四周铺设薄膜，将人粪尿、干鲜杂草、树叶、畜禽粪便等填入，加水后使其自然腐烂。此法可产生较多的二氧化碳，持续发生 15～20 天，整个生育期可处理 2 次。

（五）日光温室的有害气体成分及调控

日光温室的有害气体主要是指氨气、亚硝酸气体、邻苯二甲酸二异丁酯、一氧化碳等。

1. 氨气

日光温室内的氨气主要来源于未经腐熟的动物粪肥，如鸡禽粪、鲜猪粪、马粪、麸饼肥等，这些肥料经高温发酵会产生大量氨气。由于温室内相对密闭，氨气会积累下来。另外，大量施入碳酸氢铵化肥，也会产生氨气。如果氨气浓度达到5～10 mg/L时，就会对果树产生毒害作用。氨气首先为害果树的幼嫩组织，如花、幼果、幼叶叶缘等，氨气从气孔侵入，受危害的组织先变褐色，后变白色，严重时枯死萎缩。生产中极易把氨气中毒与高温危害混淆，应加以区别。不同种类的果树对氨气反应不同，毒害产生的临界浓度亦不同。但当温室的氨气浓度达到 30～40 mg/L 时，几乎所有温室栽植的果树都会受到严重危害，甚至会造成整体死亡。

为了减轻氨气毒害，日光温室应施用充分腐熟的有机肥料，少用或不用碳酸氢铵化肥，在温度允许的情况下，开启风口通气调节。生产中检测温室内是否有氨气积累，可采用简单的 pH 试纸法。早晨日出之前（放风前），在 pH 试纸上滴加日光温室内塑料薄膜上的水珠，如果呈碱性反应就可证明有氨气积累。

2. 一氧化碳

一氧化碳主要来源于加温用燃料的不充分燃烧。在国内果树设施栽培中，虽然实施加温的很少，但在冬季寒冷的高纬度北方地区所进行的超早期设施栽培中，却常常需要保持较高的温度避免冻害，尤其是夜晚。另外，初春提早进行的

热带、亚热带果树（如青枣等）设施栽培，如果遇到突然的降温寒流天气，就都需要人工加温，以防冻害。因此，要防止一氧化碳对果树的危害，当然也包括要避免一氧化碳对操作管理人员的危害。

3. 亚硝酸气体

日光温室内的亚硝酸气体主要来源于不合理的氮素化肥的施用。土壤中连续大量施入氮肥，亚硝酸向硝酸的转化过程虽然受阻，但铵向亚硝酸的转化却正常进行，这样会使土壤中的亚硝酸离子积累，挥发后便导致亚硝酸气体的危害。亚硝酸气体主要从叶片的气孔随气体交换而侵入叶肉组织，初期是气孔附近的细胞受害，进而毒害海绵组织和栅栏组织，使叶绿体结构破坏，出现灰白色斑。一般果树的受害浓度为 23 mg/L，当浓度更高时，叶脉也会变成白色，甚至整株果树死亡。

要防止亚硝酸气体的危害，就必须合理追施氮肥，而不要连续大量追施氮肥，同时还需要及时通风换气。当确定亚硝酸气体存在并发生危害时，可在日光温室土壤中适量施入石灰。

（六）日光温室土壤盐渍化及预防措施

1. 日光温室土壤盐渍化的原因及危害

果树设施栽培，尤其是经过多年连续扣棚，土壤中造成盐分积聚而引起的土壤盐渍化，是生产中普遍存在的问题。盐渍化不仅降低了土壤的肥力、缓冲能力和有效微生物的比例，而且对果树也会产生诸多方面的不利影响，因此生产中应高度重视，并加以解决。

除盐碱地外，其他类型土壤的溶液浓度，在露地自然条件下一般为3000 mg/L，而在设施生产的日光温室土壤中可高达 7000～8000 mg/L，严重的可达 10000～20000 mg/L。高浓度的设施栽培土壤溶液主要由以下几个方面的原因引起：

①设施栽培条件下，由于塑料薄膜的隔绝，自然降雨的淋溶作用缺乏或很轻，从而使矿物离子、盐类物质在土壤表层积聚。

②设施栽培条件下，虽然土壤毛细管作用有所减轻，但仍在进行，高温干旱条件下尤为剧烈，从而使土壤深层盐分上返，表层耕作土盐渍化加剧。

③施肥不当，尤其是超量施肥，如大量施用硫酸铵、氯化钾、硝酸钾等化肥。虽然这些肥料易溶于水，但不易被土壤吸附，极易使土壤的溶液浓度升高。硫酸根离子、氯离子根本不会被果树根系吸收而滞留土壤中，所以果树设施栽培中应严禁使用氯肥。

④土壤类型。砂质土壤、黏板土壤，其缓冲能力弱，土壤易盐渍化；而肥沃透气的土壤，在设施栽培期土壤溶液浓度上升慢，盐渍化程度轻。

⑤设施栽培年限。设施栽培年限越长，土壤溶液浓度越高，土壤盐渍化程度

越重。

设施栽培土壤溶液浓度即盐渍化程度对果树生长发育的影响，一般用电导率（EC）的高低表示。电导率越高，则土壤溶液浓度越高。导致果树生长发育障碍的电导率临界点（值），因果树种类和土质类型不同各异，桃树临界值低，葡萄则高；砂质土壤、黏板土壤临界值低，而有机质含量高的土壤临界值高。

土壤溶液浓度即盐渍化程度对果树生长发育的影响分为 4 个梯度。土壤总盐浓度在 3000 mg/L 以下时，果树一般不受危害；土壤总盐浓度在 3000～5000 mg/L 时，土壤中可检出铵，此时的果树对水分、养分的吸收开始失去平衡，导致果树生长发育不良；土壤总盐浓度达到 5000～10000 mg/L 时，土壤中铵离子积累，果树对钙的吸收受阻，叶片变褐焦边，引起坐果不良，幼果脱落；土壤总盐浓度达到 10000 mg/L 以上时，果树根系细胞发生普遍的质壁分离，新根发生受阻，导致整株果树枯萎死亡。土壤盐分积聚的快慢与轻重，除与果树种类有关外，还与土壤有机质含量密切相关。有机质含量高，盐分积聚慢，经多年设施栽培后盐渍化程度低；有机质含量低，则盐分易在土表积聚，盐渍化严重。在果树日光温室生产中，经常出现果树"生理干旱"的现象，即虽然经常灌水，但只有土表浅层湿润而根系集中分布层或较深层仍然干旱少水，从而导致果树地上部分出现"生理干旱"现象。这种现象的发生，主要是由于反复浇水，表层土壤孔隙度降低，盐类成分在土表积聚而形成一层"硬壳"，使水分不容易渗透到土壤内部。

2. 果树日光温室土壤盐渍化的预防

（1）增施有机肥，提高有机质含量：果树日光温室生产应特别注意增施有机肥，这是防止土壤盐分积聚、减轻盐渍化的根本途径。尤其是充分腐熟的有机肥，可以提高土壤的有机质含量，增加土壤的缓冲能力，还可增加温室内的二氧化碳浓度，一举多得。

（2）合理施肥：设施栽培条件下，自然降雨的淋溶作用减轻，无机肥料（化肥）的有效期和利用率提高，因而各种化肥的使用数量应较自然露地栽培条件下适当减少，一般为自然条件下的 1/2 或 2/3。同时，注意选择无机肥的种类，由于硫酸铵、硫酸钾等肥料中的硫酸根离子不易被吸收而滞留在土壤里引起盐分浓度上升；而磷酸铵、磷酸钾等肥料，离子吸收完全平衡，易被土壤吸附，不致引起土壤盐分浓度上升。因此，在果树日光温室生产中，应选择磷酸类无机肥料。最后，施肥中应禁止偏施氮肥，做到多元复合，配方施肥。

（3）及时揭膜，增加淋溶：不论春提前还是秋延迟的设施生产，在果实成熟或采收后，只要外界自然条件允许，都应及时揭膜放风，增加自然降雨的淋溶机会，减少盐分积聚。

（4）淡水洗盐：一旦发现土壤盐渍化加剧，土壤溶液浓度高而导致果树生长发育障碍，应在设施栽培结束后，增加灌水的数量和次数，以淡水洗盐，降低盐

浓度；或在温室附近挖排水沟，大水漫灌后让水流到沟中排走。

（5）客土改造：经多年设施栽培，土壤表层盐分积聚较多，盐渍化程度较重，普通方法已不容易改造，可采用客土改造的方法，即用没有盐渍化的表层新土把已盐渍化的旧土换掉。客土改造只改造土表浅层 0～15 cm 的土壤，改造时注意保护根系，尤其是大粗根系。

四、青枣北方日光温室栽培存在的问题及解决对策

（一）存在的问题

1. 果实品质差异较大

在北方日光温室栽培情况下，由于青枣品种差异，花期分批分期进行且差异较大，果实发育期不同以及不能及时疏花疏果等原因，常在果实大小、果实品质等方面出现较大差异，并且后批次果普遍偏小，果实风味偏淡，有时还出现畸形果，果面易出现"果晕"等问题。这些问题将直接影响青枣果实商品的一致性和标准化，从而影响其商品价值。

2. 青枣的引种问题

青枣属热带果树，南方地区露地栽培引种必须考虑其对温度等环境的适应性要强，否则易引起冻害造成损失。在引种和生产的同时，还应选育适合于北方地区日光温室栽培的优良品种，避免盲目引种和引入劣种劣苗，给生产带来不必要的损失，损害其健康发展。

3. 青枣果实保鲜及加工问题

在自然存放状态下，青枣品质在 1 周左右的时间内变化不大，超过 1 周果实表皮会迅速发生褐变，但不烂，果肉也会通过发酵作用产生酒精，从而影响果实的商品价值。

4. 青枣日光温室栽培理论和配套丰产优质栽培技术问题

青枣在北方地区日光温室栽培起步较晚，对其栽培理论和配套技术还缺乏深入研究。在日光温室栽培条件下，对青枣的生长结果习性、授粉与坐果、果实发育规律，对其环境的需求、栽植密度、土肥水管理、整形修剪、花果管理、病虫害防治，以及温度、湿度、光照、气体等环境因子调控等配套技术，还需要在生产实践中不断总结完善。

（二）解决对策

在我国，青枣栽培历史较短，发展面积还小，尚属于特色热带小宗水果。但由于青枣结果早、产量高、果实大、风味独特和产期优势等综合特性，以及易于栽培管理和使用农药化肥极少的环保优势，必然将成为今后极有发展潜力的新兴特色水果。

1. 加强栽培技术标准化研究

要以提高品质、突出效益为中心，针对北方设施栽培的实际，探索植株生长、花芽分化、果实生长发育、花果管理、产期调控等对营养和立地环境的需求规律，全方位地进行营养施肥、环境调控、植株管理研究，以满足植株健壮生长结果的需求，增进果实品质，提高产量。同时，还要进行撑架类型及材料的比较和北方地区设施类型及材料的比较研究，选择实用、稳固、低耗的撑架类型及材料，增光、保温性能好的设施类型及材料。此外，要选用综合性状优良的品种，如高朗 1 号、福脆青、新世纪等，依据其生长结果习性，合理进行光照、温度、水分等环境条件调控，尤其是在北方地区日光温室栽培条件下，满足其产量品质的形成需要；加强科学土肥水管理，合理整形修剪，适时适量疏花疏果，适时采收，提高果实的一致性和品质。

2. 加强引种和育种工作

北方地区日光温室的栽培要注意选用抗低温能力强、喜干燥气候的品种，有针对性地选育适合北方设施栽培的优良品种加以推广。目前，应着重选择含糖量高、口感好、自然坐果率高和耐贮运的大果型品种。同时，还应加强良种推广、种苗繁育和销售环节的规范化管理，确保栽培品种的纯正健壮。

3. 加强果实贮藏、保鲜与加工技术研究

研究、探索贮藏和保鲜技术，占领北方地区冬季南方水果高档市场，通过保鲜措施加强外运，延长市场供货期和扩大销售区域；积极研究并开发加工技术和种类，开拓加工市场，延长产业链条，既能消化过剩的鲜果，又可获取较高的产品附加值。

4. 大力培植壮大龙头企业

培植青枣生产、贮藏保鲜与加工、销售等产业链条相配套的龙头企业，与市场经济下产品开发相适应，拉动产业各环节标准化规范化进入良性循环，探索公司加农户模式，形成利益共同体，实现产、供、销、加一体化的经营机制，增强抵御市场、生产双重风险和自主开发创新的能力，使之健康可持续发展。

第八章 青枣主要病虫害及其防治技术

一、病虫害综合防治方针

青枣的病虫害防治和其他果树的病虫害防治一样,以植物检疫、农业防治、生物防治和物理防治为主,化学防治为辅,进行综合防治。有害生物的综合治理是对有害生物进行科学管理的体系。它是从农业生态系的总体出发,根据有害生物与环境之间的相互关系,充分发挥自然控制因素的作用,因地制宜,协调应用必要的措施,将有害生物控制在经济允许水平之下,以获得最佳的经济、生态和社会效益。其特点包括:从生态全局和生态总体出发,以预防为主,强调利用自然界对有害生物的控制因素,以达到控制有害生物发生的目的;合理运用各种防治方法,使其相互协调、取长补短,在综合考虑各种因素的基础上,确定最佳的防治方案。综合治理并不排斥化学防治,但要尽量避免对天敌的杀伤和对环境的污染;综合治理并非以"消灭"有害生物为准则,而是把有害生物控制在经济允许水平之下;综合治理并不是降低防治要求,而是把防治技术提高到安全、经济、简便、有效的水平。在治理策略上,要从重视外在干扰,发展到依靠系统内在的调控因素。在治理目标上,要从减少当季的危害损失,发展到长期持续控制危害,强调经济、生态和社会效益的协调统一,当前利益与长远利益的协调统一。

(一) 植物检疫

植物检疫是指利用立法和行政措施防止或延缓有害生物的人为传播。植物检疫是一项传统的植物保护措施,但又不同于其他的有害生物防治措施。它是植物保护领域中的一个重要部分,其内容涉及植物保护中的预防、杜绝或铲除的各个方面,也是最有效、最经济的措施,有时甚至是某一有害生物综合治理计划中唯一的一项具体措施。植物检疫所具有的特点是,它不同于植物保护通常采用的化学防治、物理防治、生物防治和农业防治等措施,而是从宏观上(或整体上)预防一切本区域范围内没有的有害生物的传入、定植与扩展,所以它具有法律强制性。改革开放以来,随引进种苗和农副产品传入我国的危险性病、虫、草等有害生物,给我国经济造成了较大的影响。我国《植物检疫条例》规定,果树病虫害的检疫对象主要有美国白蛾、柑大实蝇、柑橘溃疡病、葡萄根瘤蚜和苹果蠹蛾等。生产者在调运种子、接穗和苗木时，应严格遵守植物检疫的各项规定。

（二）农业防治

农业防治是指利用农业栽培措施来防治有害生物的方法，其基础是病害三角关系。果园实施农业防治的具体要求是：创造有利于果树生长发育的环境条件，使其生长健壮，提高抵御病虫害的能力；创造不利于病虫害发生和蔓延的条件，选用抗病虫的果树品种和耐除草剂的作物，以减轻或限制病虫的危害。农业防治是最根本、最经济的办法，其实施措施主要包括：合理施肥、灌溉，以增强树势，减少病虫害发生；搞好果园卫生，及时查找和剪除病虫枝梢，摘除病果、虫果等，以减少初侵染来源。

1. 水肥管理

加强水、土壤和肥料的综合管理，增强树势，提高树体对病虫害的抵抗能力。在果树生长期，应根据各类果树在各物候期的需肥及需水的特点补给肥水、施足基肥、施好追肥和叶面肥；在果实生长发育期，如遇干旱，要及时灌水。冬季应多施有机肥料，确保肥源较足，达到改良土壤、促进根系发育和提高抗病防虫能力的目的。例如，葡萄植株的营养主要靠冬天施有机肥料即基肥，已挂果的植株若不施肥则将削弱其抗病力，炭疽病、褐斑病等的发生会较严重。另外，增施有机肥料可增强植株的抗旱能力，而适当施钾肥既可提高树体的抗病性能，又可改善果品的质量。

2. 合理修剪

通过修剪，控制主干枝数量，扩大角度，增加树冠内的光照，使园内保持良好的通风透光条件，也可减少病虫害的发生。许多害虫以虫卵或卵块的方式在芽、嫩枝和叶子上越冬，而病原菌经常在病枝上越冬。对这类主要在枝干上越冬的病虫害，应结合冬季修剪，剪除干枯枝、病虫枝，摘除病僵果，除净越冬卵茧，并集中烧毁深埋，这样可减少多种病害的枯枝侵染源和虫口数量。对修剪所造成的伤口，应及时喷洒波尔多液、843康复剂和腐必清等药剂加以保护。

3. 清理果园

对果园因腐烂、根腐等病害引起的病枝死树，因天牛、蝉等害虫产卵死亡的嫩枝，刮树刮下的粗皮，果园地面上残枝败叶和病果等，要及时清除，集中烧毁或深埋，以减少初侵染来源。

很多危害果树的害虫和病菌都在落叶以及杂草中越冬，所以清除果园内的杂草、枯枝、落叶、落果和死树等就显得十分必要。清除的时间以初冬季节最佳，清理后应把清出的东西全部集中起来烧毁或堆积起来沤制肥料。

果树刮皮是冬季防治果树害虫的关键措施。农谚有云："要想吃好梨，年年刮树皮。"因为许多危害果树枝干的病菌都潜伏在老皮、翘皮及裂缝中越冬。在

果树的粗皮裂缝中还有许多潜伏越冬的害虫，如苹果小卷叶蛾、毛虫、梨蝽象、梨小食心虫、山楂叶螨等。通过认真细致的刮皮，不仅可以消灭这些病虫害，还可以更新树皮，促进树体生长。果树刮皮要掌握以下四个方面：一是刮皮时间应该在冬季土壤结冻后到立春惊蛰前进行；二是刮皮要彻底，不要只刮树的主干，应将果树所有枝干的粗皮、翘皮刮除；三是刮皮深度要适宜，要掌握“小树、弱树宜轻，大树、旺树宜重”的基本原则；四是刮皮时要在树下铺上塑料布，以便于集中收拾销毁。

4. 树干涂白

树干涂白可减轻日灼和冻害，提高果树的抗病能力，破坏病虫的越冬场所，消灭树干和树皮裂缝中越冬病虫，延缓果树萌芽和开花的时期，既可使果树免受春季晚霜的危害，又可兼治树干病虫害，起到防冻杀虫的双重作用。常用果树树干涂白剂的配制比例为：石灰 10～12 份、黏土 2 份、石硫合剂原液或原液渣子 2 份、食盐 1～2 份、水 36～40 份，可加少量杀虫剂。先用水化开生石灰，滤出灰渣，倒入化开的食盐，再倒入石硫合剂和黏土，搅拌均匀后即可涂抹树干。涂白的位置以树干基部为主，高约 1 m，涂抹时要由上而下，涂在树干和枝干上，对树干基部及树杈向阳处应重点涂，涂白次数以两次为好，第一次在落叶后至封冻前进行，第二次在早春。

5. 深翻整地

冬前深翻既可风化土壤、改良土壤而促进果树增产，又可消灭部分越冬虫蛹，减少和破坏病虫繁殖场地与越冬场所。能在土壤内越冬的果树害虫很多，如桃小食心虫、枣步蛐等，深翻整地可将土壤深层的害虫及病菌翻至地面而被冻死、干死或被天敌吃掉，使深埋地下的病虫不能羽化出土而被闷死。耕翻的时间最好在土壤临近封冻时进行，耕翻深度以 25～30 cm 为宜。

（三）生物防治

生物防治是指利用有益的生物及其代谢产物来防治有害生物的措施。生物防治对人、畜、植物安全，不污染环境，不会引起害虫的再次猖獗和形成抗性，能保护和利用害虫天敌。生物防治在保护和利用天敌上应注意改善天敌生存的环境条件，在果园中给害虫天敌增添食料或为其设置隐蔽的越冬场所，使天敌种群能够顺利生存、繁衍；也可把果园周围的天敌招引进来，比如啄木鸟可在果树枝干上觅食吉丁虫、透翅蛾等蛀干害虫。生物防治是通过保护和人工繁殖天敌等措施来增加自然界中天敌的数量，以提高对病虫害的控制作用。在有外来有害生物发生时，可考虑引进天敌进行防治，这方面比较典型的例子便是引进澳洲瓢虫成功防治了柑橘吹绵蚧。

此外，生物防治也可以利用微生物农药，即利用一些有益微生物研制生物农药。现在已有不少种类的微生物农药在生产上应用，如苏云金杆菌（BT）、白僵菌、绿僵菌、井冈霉素、春雷霉素、鲁保一号等。

（四）物理防治

物理防治是指利用热力、冷冻、核辐射、激光等物理手段来抑制或钝化或杀灭有害生物的方法。物理防治法的具体措施主要包括机械除治、诱集杀灭、射线处理和热处理等。

机械除治针对有群集性、假死性的害虫，以及集中化蛹、越冬、产卵的害虫，可采用人工捕杀法，对有上下树转移习性的害虫可采用阻隔法。

诱集杀灭是利用有些害虫具有趋光性、趋化性等特点，设置一定的诱源，将害虫集中消灭。诱杀方法有灯诱杀、食物诱杀、潜所诱杀、化学信息剂诱杀等。此外，利用害虫对越冬场所有独特的选择性，秋后在果树的主干上绑草或破麻袋片，也可把草搓成绳悬挂在树上，诱集害虫化蛹越冬，然后在翌年春天果树萌芽前把束草解下集中销毁。

（五）化学防治

化学防治是指应用化学农药来防治害虫、病菌、杂草等有害生物，保护农、林业生产的一门科学。用化学药剂防治病虫害，见效快，效果好，是目前生产中防治病虫害的主要手段。但是，应注意选择高效低毒、低残留的药剂，严禁使用"两高三致"（高毒、高残留，致癌、致畸、致突变）的化学农药，限制使用全杀性、高抗性农药，严格控制使用激素类药剂。果园应选择使用石硫合剂、波尔多液、尼索朗、吡虫啉、甲托等高效低毒、低残留的杀菌剂和杀虫剂。在使用化学药剂时，应特别注意以下两个方面：

首先，对症下药，选择安全经济有效的农药。果园病虫种类相对固定，但农药种类和剂型却差异较大。了解农药的性能特点、防治对象、使用范围、作用方式、作用机制、注意事项等是筛选农药的依据。对于已选好的农药，要通过田间药效试验来确定有效浓度和施用方法，并从生态、环境、经济、实用、兼治等方面进行综合评价农药，从而选出安全、经济、有效的一药多治的农药品种。这是病虫害综合防治的关键技术之一。病虫害的发生程度是果树的生物学特性、生态环境诸因素共同作用的结果。例如，干旱、季节性干旱易诱发苹果红蜘蛛的猖獗；多雨或夏季雨多高湿、秋季持续高温易引发轮纹病。环境因素同时也影响药剂性能的发挥和田间防治效果。例如，高温不利于拟除虫菊酯、有机氯等负温度系数药剂的性能发挥；低温不利于有机磷、氨基甲酸酯等正温度系数药剂的性能发挥。因此，早春、晚秋用负温度系数药剂为宜，夏秋季节用正温度系数药剂为宜。降雨不仅会造成药剂的淋溶冲刷，降低药剂的有效性和残效性，而且最易引起病害的侵染。因此，雨前提倡用保护性杀菌剂，雨后用内吸性杀菌剂，二者要交替使用。雨季要适当缩短用药间隔期。高温高湿易造成波尔多液等无机铜药害，干旱夏季拟除虫菊酯或波尔多液易诱发红蜘蛛的种群回升。

其次，选择适当的施药时间和施药方法。在果树病虫害综合防治中，要根据树体不同生长阶段对农药的敏感性来确定安全用药时期和施药方法，以避免产生药害。果树在花期、幼果脱毛期、生理落果期对化学农药最为敏感，尤其对有机磷类农药敏感，应避免在上述时期施药。病害应在初发阶段或发病中心尚未蔓延流行之前进行防治，而虫害应在发生量小、尚未开始大量取食危害之前防治。在害虫生命活动最弱时期，害虫体小、体壁薄、食量小、活动集中，其抗药能力低，防治效果好；在害虫隐蔽危害前，害虫在果树枝干、花、果实、叶表面危害，这时喷药防治可起到触杀作用。一旦害虫蛀入危害，防治就比较困难了。因此，卷叶虫、潜叶蛾类害虫应在卷叶或潜入叶内之前防治，食心虫类害虫应在进入果实前防治，蛀干害虫要在未蛀入前或刚蛀入时防治。某些病虫的关键时期，也应优先考虑其他防治方法，不到万不得已不用化学农药或改变施药方式，否则易造成落花落果或加重加快生理落果或果点放大、隐形药害等，特别是花量过大、负载过多、环剥过重、树势过弱、树体过密的果园更易发生上述问题。

综合分析相关因素，在果树病虫害综合防治中，应坚持农业防治为基础、物理防治为前提的"预防为主、综合防治"原则，坚持"防治重点、兼顾一般、一药多治、轮换交替，一种农药一年最多使用两次"的用药原则，坚持治早治小治了、春重夏紧秋松的防治策略，坚持内吸性和保护性杀菌剂交替使用、杀菌剂和杀虫剂配合使用的原则。

二、青枣主要病害及其防治技术

青枣病害种类多，大致可分为侵染性病害和非侵染性病害两大类。在侵染性病害中，以真菌性病害为主，尤以白粉病、炭疽病和疫病危害引起的损失最大，其他病原性病害较少见，危害亦不严重。白粉病从4月下旬至翌年2月均能发生，主要为害嫩叶和幼果；炭疽病终年为害，生长期为害叶片、幼嫩枝条和果实，收获贮藏期为害果实；疫病主要在果实膨大期的多雨季节发生。如果不加防治，这三种病害均可造成绝产。

（一）白粉病

白粉病是为害台湾青枣的重要病害，台湾青枣全生育期均可发生，主要在挂果期为害果实，一般危害损失率为8%～15%，高的可达35%。

1. 症状

白粉病菌主要为害青枣果实、叶片和嫩枝条。大树染病时，病芽在春季萌发较晚，抽出的新梢和嫩叶整个都覆盖着白色粉状物，病梢节间缩短，叶片狭长，叶缘向上，质硬而脆，渐变褐色，病梢发育不良，常不能抽生二次枝。叶片受害，先从中下部叶片开始，逐渐向上部叶片蔓延。发病初期在叶片背面出现白色菌丝，形成白色菌丝块；随后，白色菌丝和白色粉状物（病菌的分生孢子梗及分生孢子）可布满整个叶片背面，而叶片正面则出现褪绿色或淡黄褐色的不规则病斑。受害叶片后期呈深黄褐色，凹凸不平，以致叶片扭曲、皱缩，易脱落。发病严重时，白色菌丝和粉状物布满整个枝条，嫩叶呈黄褐色皱缩、凹陷、枯死。花器官受害后，亦布满白色菌丝和粉状物，继而变褐、枯死、脱落。果实受害后，果皮变麻、皱缩，呈褐色或黄褐色，易脱落或枯死；轻病果可继续长大，白粉霉层脱落后，病部呈灰褐色，果皮粗糙、龟裂、无光泽及木栓化。果梗受害导致幼果萎缩早落。

2. 病原菌

病原为枣粉孢霉 [*Oidiu zizyphi*（Yen & Wang）U. Braun]，属于子囊菌亚门真菌，是一种外生菌。病原菌分生孢子梗稀少，分生孢子圆柱形或桶形，无色，单孢，大小为（27~30）μm×（15~16）μm。有性时期产生暗褐色、黑褐色闭囊壳，球形，散生于白色菌丝体和粉末状物之间，但田间少见到其有性阶段。

3. 侵染循环及发病条件

病原菌以分生孢子潜藏在落叶、落果中越冬。病菌以菌丝附着在病叶及枝上，越冬后的病原菌在 3 月底至 4 月初，新梢刚露出，温度稳定在 15℃左右时便开始传播和侵染。但以 4 月底侵染逐渐增多，以 5—10 月发病为重，特别是以 9—10 月达到发病高峰期。随后，由于气温下降，病情减轻，至 12 月底病情基本稳定。病菌危害部的菌丝发展到一定阶段时，可产生大量的分生孢子梗和分生孢子，使病部呈白粉状。分生孢子经由气流传播。白粉病多在温暖潮湿季节、枣园通风不良或夜间湿度较大而且早晨有雾的环境下较易发生。

相关研究表明，青枣品种间对白粉病的抗性差异不明显。但高肥，特别是氮肥偏多、生长过旺、排水不畅、土壤偏黏的地块发病重。新种植园发病较轻，山脊果园较山洼和坡地发病重，阴坡地比向阳地发病重，特别是雾露多的山地发病更重。雨水偏多、雾照的天气有利于发病，但干热河谷地区的近山坡地，因昼夜温差大，雾露重时，病害仍然严重发生。

4. 防治

一般适宜于青枣种植的地区气候温暖，病原菌无明显越冬现象，故带病植株及发病杂草是青枣受侵染的主要来源。因此，白粉病的防治应以农业措施为主，辅以药剂防治。

（1）白粉病的预防首先应注意加强果园管理，修剪枝条，避免徒长枝、过低枝条及重叠交错枝，改善通风透光。冬春修剪掉的枝叶应移离果园，以免病菌残留，更可有效减少病原菌基数。在青枣收获后，结合砍伐上年茎干和枝条时，将砍下的部分及地上落叶带离果园，并深翻果园。

（2）避免果园套种，降低田间湿度。果园应尽可能单一种植，特别是不宜在果园种植低矮作物；或降低种植密度，剪除无效枝条，清除田间杂草，以达到降低果园湿度的目的。

（3）增施有机肥，提倡平衡施肥。多施有机肥，避免偏施过多氮肥。结合果园灌溉，控制好水肥，有效控制植株旺长，提高植株自身抗性。

（4）使用药剂防治。在发病初期，特别是在幼果期和果实膨大期，采用25％三唑酮可湿性粉剂 800 倍液、40％灭病威胶悬剂 400～600 倍液、15％粉锈宁可湿性粉剂 1000 倍液，每周施药 1 次，共 3～4 次。

（二）炭疽病

青枣在种植过程中易受炭疽病菌的侵染，炭疽病发生极为普遍，在后期造成严重落果，落果率高达 10％左右，带菌果果肉品质变坏而丧失食用价值。因有潜伏侵染现象，导致带菌果在运输过程中及贮藏期间大量烂果，烂果率高达40％或更高，损失极其严重。

1. 症状

该病菌主要为害果实，也为害叶片。最初先在果肩部侵入，呈淡黄色或褐色针头状大小斑点，此后逐渐扩展为近圆形、凹陷的黄褐色或褐色病斑，直径0.3～1.5 cm，有的直径可达 3 cm 以上，有时几个病斑合成一个大的病斑。少数病斑边缘为黑色，病斑下的果肉为淡褐色且呈软腐状，常达果实的中心部。病斑多位于近花蒂一端，在果实的中部或中下部，乃至位于花蒂处，近果柄处较少。随着贮藏时间的延长，病果数不断增加。病斑中央出现浅褐色、淡黄泥土色的脓状物，有时隐约可见到轮纹状脓状物，即分生孢子。有的果实表面留有清晰可见的分生孢子突破表皮的痕迹。幼果柄受害变褐、干枯，果实变褐色至黑褐色，有的脱落，有的不脱落则成为僵果。后期的果实较前期易于感病。叶片上的病斑为暗褐色，呈圆形、近圆形或不规则形，小的如针尖，为褐色，稍大到 2 mm 时病斑中央变为灰白色，大的病斑可达 1 cm 左右，中央灰白色，最外缘黑色，近外缘淡褐色，宽 1～2 mm，其上散生众多黑色小点，即为病原菌的分生孢子堆。叶背面颜色较浅，病健分界不明显。病斑常相互合成更大的病斑，但各个病斑仍然清晰可辨，特别是病斑背面更是清晰可见，但病斑背面有时伴生交链孢菌形成的黑色霉层。

2. 病原菌

有研究显示，病原菌为一个复合群体组成，至少有两个种引致发病，即胶胞炭疽菌［*Colletorichum gloeosporioides*（Penz.）Sacc］和球炭疽菌［*C. coccodes*（Wallr）Hughes.］，也有认为仅是胶胞炭疽菌。大青枣炭疽病菌在 PDA 上菌落圆形，边缘整齐，外缘菌丝呈匍匐状生长，菌丝初为灰白色，成簇时近鼠灰色，菌丝绒毛状，紧密与疏松菌丝常呈不均匀的相互间明显的轮状生长排列。随着菌龄增加，菌丝变粗，有隔膜和分枝，菌落颜色转为鼠灰色至浅褐色或黑褐色至墨绿色，在平皿上个别菌株出现扇变现象。菌落背面颜色呈灰白色，亦有明显的轮纹和颜色深浅不一的斑块状。分生孢子盘埋生于培养基中，菌落中央有土黄色至品红色的分生孢子团溢出。如果刮去气生菌丝，48小时后就可见到大量的分生孢子团几近布满培养基表面。在28℃下，通过伤口接种的果实于接种后的第3~4天开始显症，5天后在病斑上便有粉红色的黏性孢子团溢出。C. coccodes 的分生孢子梗短小，呈柱状或棒状，单胞，刚毛淡褐色，较少见，间生于分生孢子梗之中。分生孢子单胞，单个孢子淡绿色，集聚成孢子团时为品红色至红色；长杆状，一端钝圆，另一端稍尖，或两端均钝圆，或稍向一侧弯曲，或直杆状，近中央处略缢缩，略呈鞋底形，大小为（18.62~23.96）μm×（4.99~7.09）μm；中央有油球1个，大小为3.38±0.67 μm，分生孢子盘直径为291~360 μm。C. gloeosporioides 分生孢子单胞、无色、两端圆钝，大小为（10.7~15.5）μm×（3.9~4.5）μm，没有观察到其细胞内含有油球，分生孢子盘初期多为圆形、单生、黑褐色、底部稍凹陷，后期可由若干个小分生孢子盘联合成大型分生孢子盘，有时也产生单个近球状的大型分生孢子盘，刚毛偶见，长16.5~30.0 μm。

3. 侵染循环及发病条件

病菌以分生孢子盘和分生孢子越冬，树上的枣吊、地上的僵果及落叶是病菌的主要越冬场所。野生青枣树上的果实、叶片是另一个重要越冬场所。在芒果、香蕉和中国枣混栽区，这些热带水果也可能是越冬后病菌的重要来源。在翌年温、湿度适宜时，越冬载体上产生的分生孢子借风、雨、昆虫等传播，通过气孔、伤口和角质层等侵入寄主。大部分病菌侵入后不立刻显现症状，而是待果实生长不良或接近成熟时，开始显症，且随着果实成熟度的提高，发病加重。本病的发生和发展与温度、湿度的变化密切相关，一般在温度为23℃、相对湿度为82%时开始发病；温度为25℃~28℃、相对湿度为80%~89%时为发病盛期。随着贮藏时间的延长，贮藏室内通风不良，发病逐渐加重。果实收获后10天内，很少出现烂果，但在10天后，部分果皮开始皱缩，始见淡黄色病斑，继而果肉变软，组织下陷。在4℃的条件下，贮藏10天，青枣的好果率达100%；贮藏15天，好果率下降为70%；贮藏时间再延长，腐烂果实增多，到20天后，几乎所有果实均出现炭疽病。植株生长势弱、通风不良的地块发病重，前期因炭疽病而引起的僵果增多。

4. 防治

炭疽病病原菌主要侵染青枣果实，引起贮藏期果实的腐烂变质。果实收获前若发生炭疽病则会引起僵果增多，收获后所有果实也较容易出现炭疽病，故应特别加强对贮藏期果实的保护，减少侵染源，避免与炭疽菌的其他寄主交错种植；植株生长势弱、通风不良的地块发病重，加强果园管理，及时收获，避免果实过熟现象，做好冷藏保鲜。

（1）彻底清洁果园，结合每年收枣后的砍枝，彻底清理果园，将落叶、僵果、枣吊等带出焚烧，并就地深埋，从而减少初次侵染源数量。

（2）建立无病果园，有条件的地方将果园建立在无野生青枣的地方，避免果园与中国枣、芒果、香蕉交错种植在一起。新栽果园应在用化学药剂浸泡幼苗后，再行移栽。常用的化学药剂有 75％甲基托布津 1000 倍液，25％灭菌丹 400 倍液，50％苯菌灵 1000 倍液，50％多菌灵 600 倍液或 75％百菌清。要浸泡 20 分钟以上，才可杀死枣苗组织内的潜伏病菌，从而减少带菌的可能性。

（3）加强栽培管理，增施农家肥，可增加树势，提高植株的抗病能力。在收获后，围绕树干周围 1 m 处挖浅沟，每株枣树施人粪尿 30 kg，或其他农家肥 50 kg。在 5 月的雨季后，再酌情施用化学肥料，花期及幼果期增施叶面肥 0.4％磷酸二氢钾和 0.4％尿素 3～5 次，0.2％～0.3％硼砂 6～8 次。

（4）及时收获，避免果实过熟，做好贮藏期管理。青枣结果大致可分为两个不同阶段，即 5 月份花果和 9～10 月份花果。对这两批果实，应分别采收。即使是 9—10 月份的花果，也依不同的程度而分别采收。采收时，根据成熟度和贮运时间的长短，做不同的选择。如果即时或短期内鲜销，则可采露白、浅黄色果实；如果需要贮藏较长时间再行销售，则可采绿色至露白果实。新采的果实结合 2％氯化钙，或 0.2％植酸＋微量柠檬酸，或 0.5％植酸＋0.2 g/L 的井冈霉素浸泡 5 分钟；晾干后，再用吸水纸包裹；装箱后，置于 4℃低温下贮藏，并注意通风可以延长保鲜期，减轻潜伏炭疽病菌引起发病的严重程度。

（5）采用药剂防治。在植株生长期间，可采用多种化学药剂喷施，特别是在挂果期间喷药保护，减少果实被潜伏侵染的机会。例如，以 1：200 倍波尔多液，50％多菌灵 800 倍液或 70％甲基托布津 800 倍液喷雾，或 75％百菌清 800 倍液，每隔 7～10 天喷 1 次。

（三）疫病

青枣疫病是一种与雨日、雨量及果园湿度关系极大的果实病害。一般年份发生不严重，但雨水多的年份在少数地块其病果率可高达 75％以上，引起严重落果，甚至在重病地块几乎无收。

1. 症状

青枣疫病主要为害果实。当果实遇害后，果面产生褐色斑点，边缘不甚清晰；当外界条件适宜时，病斑会迅速扩大到全果。疫病病原菌侵入时需要借助水滴，果实花蒂一端滞水时间较其他部分长，故病斑首先从果实的下部始发。扩大后，病斑不规则，呈深浅不均匀的暗红褐色，边缘似水渍状，有时病斑部分表皮与果肉分离，外表似白蜡状。病果果肉腐烂，并可沿导管延伸到果柄，均变为褐色。病变组织空隙处有白色绵状菌丝体，病果开裂处或在高湿条件下的果面上，也可见到白色菌丝体。病斑扩及全果时，果形不变，病果呈皮球状，具有弹性，最后病果失水干缩。一般树冠下部靠近地面的先发病，病斑也是多从果实下部先发生，病果易脱落，极少数悬挂树上成僵果。天气潮湿时，病果下部常覆盖一层白蜡状霉状物（菌丝体、孢囊梗和孢囊）。受侵染的果实，具有潜伏期，即使最初并未显现发病症状，但在贮藏期一旦条件适宜亦会引起腐烂。

2. 病原菌

病原菌为棕榈疫霉（*Phytophthora palmivora* Butler），属于鞭毛菌亚门，无性阶段产生孢囊，孢囊无色，单胞，椭圆形，顶端有乳状突起，大小为（51～57）$\mu m \times$（34～37）μm，长宽比为 1.5，每个孢子囊都有一个短柄，孢囊可直接产生芽管，或形成游动孢子。休眠孢囊产生的方式是和孢囊相同的，但其中含多量的脂类物质，有较久的存活力。另外，在菌丝中部可以产生厚垣孢子，其存活的时期更久，病菌有性阶段产生卵孢子，卵孢子有厚而光滑的外壁，球形，无色或带褐色，大小为 27～39 μm。在营养丰富的培养基上，孢子囊可直接萌发形成芽管，后者形成菌丝体。在菌丝中部可以产生厚垣孢子，其存活能力很强。在有营养条件下，厚垣孢子萌发形成菌丝体；在有水时，厚垣孢子形成短的芽管，在芽管顶端形成一个孢子囊。菌丝体生长最适温度为 30℃，最高温度为 36℃，最低温度为 12℃。在 25℃ 时，产生孢子囊最多，当温度高于 35℃ 或低于 15℃ 时则不产生孢子囊。该菌有性阶段为异宗结合形成卵孢子，有 A_1 和 A_2 两种交配型。但这两种交配型菌株在给予相反交配型菌株的性激素时，也能自交形成卵孢子。光可刺激卵孢子萌发，但抑制卵孢子形成。卵孢子有厚而光滑的外壁，球形，卵形有乳头状突起，无色或带褐色，大小为 27～30 μm。卵孢子能存活很长时间，但在病害循环中的作用不大。其主要原因是有性生殖需要另一相反交配型存在，但自然界这种可能性却又很低。

3. 侵染循环及发病条件

疫病以厚垣孢子、卵孢子或菌丝体随病组织在土壤里越冬，在适宜条件下土壤带菌量增多，其中落果中形成的厚垣孢子主要起初侵染源作用。风雨是影响该病流行与否的主要因子，飞溅的雨水是孢子囊释放和传播所必需的条件。在雨季，土壤中的厚垣孢子在水中萌发产生孢子囊和释放出游动孢子。雨水把游动孢子溅到空中，小水滴中的游动孢子借风力而打散，成为接种体，从而引起流行。每次有较大降雨或灌水后，都会出现一个侵染和发病高峰。青枣在整个生长季节里均能被疫病所侵害，雨水大的年份发病重，雨后高温也是疫病发生的重要条件。

疫病主要为害树冠下部果实，一般接近地面的果实先发病，果实距地面 1～1.5 m 仍可发病，但以距地面 60 cm 以下的果实受害多。树冠下垂枝较多，四周杂草丛生，果园局部小气候湿度大，疫病发生重。受侵染的果实，在贮藏期容易腐烂。一般树冠下部靠近地面的果实先发病，外侧果枝上的果实较内侧的发病轻，朝阳的一侧较背阳的一侧发病轻。

4. 防治

（1）疫病的防治主要是随时清除落地果实，并摘除病果，集中深埋或带出果园外；加强果园排水，勤中耕除草，以降低果园湿度，减少发病；加强果树管理，适当提高结果部位或设立支架，支架离地高度60 cm以上。

（2）疫病发生较重的果园，对树冠下部的果实应喷药保护，药剂可用65％代森锌可湿性粉剂600倍液或40％乙膦铝300倍液或50％甲霜灵可湿性粉剂800～1000倍液。结果期每隔10～15天喷药1次，共喷3～5次。

（四）根朽病

根朽病在青枣园中一般发生不严重，仅在管理粗放的老果园偶见。

1. 症状

根朽病主要为害根茎，多发生在每年的4—5月，在苗木嫁接前后最易受侵害。受害时新叶呈淡黄绿色，叶片凋萎；为害根部时，使根部死亡，根部表皮或皮层内部布满菌丝，菌丝可以继续向上生长，直至树干基部；为害茎外围部分的组织，使接穗枯死，严重者全株枯死。木质部呈白色海绵状腐朽，并有蘑菇香味，在病根的皮层内、病根的表面及附近土壤内，可见褐色或黑褐色根状菌素。在夏秋雨季，腐朽的根及附近地表可见到丛生的蜜黄色小蘑菇子实体。

2. 病原菌

病原菌为蜜环菌［*Armillaria mellea* Vahl（ex Fries）］有伞状子实体，菌盖圆形，中央略隆起，浅蜜黄色，表生淡褐色毛状小鳞片。菌柄实心，黄褐色，上部具有薄膜状菌环。初期菌褶白色，后变为红褐色。担孢子卵圆形、无色。该病菌寄主广泛，除为害青枣树外，还寄生70科70余种木本植物及40科80余种草本植物。

3. 侵染循环及发病条件

病菌以菌丝或根状菌索方式在土壤、病株残体或种子上越冬，靠根部直接接触或担孢子随气流传播。气温达20℃～30℃，雨水较多时，病原菌迅速萌发，借风雨或灌溉水从苗的根、茎伤口处入侵，然后在茎中间或茎基部、根部等处产生分生孢子致病。根内的菌丝体随着组织坏死逐渐向健康组织扩展。发病初期，叶片白天萎蔫，早晚又能恢复。随病情发展，叶片恢复力降低，最后枯萎。根、茎病部表皮最初变褐色，继而腐烂，露出本质部。枯死的苗木，用手轻轻地一拔，就可以拔起。树势衰退时发病严重。地势低洼、土壤黏重和渍水的地块发病重。

4. 防治

（1）少量发病，应掘沟阻断病株与健株根部相互接触而感染的途径。如果病株已枯死，则应掘起受害根部连同枯死枝干烧毁。病株治疗应先切除霉烂的根，再灌施药液。在雨季搞好果园的清沟排水，降低地下水位，促使根系健壮生长，提高抗病力。常用灌根处理的化学药剂主要有五氯酚钠 250～300 倍液，70％甲基托布津 500～1000 倍液，50％苯来特 1000～2000 倍液。每株灌注处理后，应加强肥水，以恢复树势。

（2）病株的根穴土壤要加以消毒，可撒石灰或淋杀菌剂消毒，也可用 70％五氯硝基苯粉剂进行土壤消毒，每植穴用药量为 75～150 g，拌和 30～60 倍细土，均匀撒入病穴中。还可用木霉菌加锯末、米糠等拌成 10 万个孢子/克的菌剂，接种到病树周围沟中，也有一定的防治效果。

（3）苗木定植前的消毒也很重要，可将苗本根部放入 70％甲基托布津 500倍液中浸泡 10～30 分钟，或在 45℃温水中浸泡 20～30 分钟。

（五）轮纹病

轮纹病又叫作轮斑病、叶斑病，发生不普遍，主要发生在管理粗放的果园，对其研究较少。

1. 症状

轮纹病多发生于秋冬叶片中部的叶脉间，病斑为不规则形，褐色，边缘清晰。症状主要以下部叶片发病严重，发病部位植物组织连片坏死，上固有小黑点（病菌的分生孢子梗和分生孢子），病斑较大，可达 7 cm 左右，有灰色轮斑，低温时病斑两面着生白色至淡黄色锤形或桑葚状的分生孢子束。被害叶易脱落，落叶上产生数厘米不规则的黑色菌核。未成熟果实亦受害，靠近果柄处先发病并向外扩展蔓延，后期发病部位皱缩，颜色不一，病斑自果柄处向下扩展，呈黑褐色至褐色及浅褐色。果实受害后停止生长，严重时成为僵果。

2. 病原菌

病原菌为链格孢属（*Alternaria* sp.）真菌。菌丝深褐色或褐色，很少形成子座，气生菌丝茂盛，在 PSA 培养基上生长较快。分生孢子梗呈淡褐色至褐色，或具松散的不规则分枝，宽 3～5 μm，弯曲或呈屈膝状，产孢细胞的产孢方式为孔出式。分生孢子倒棒形，单生或串生，有 1～5 个横隔膜，1 个或 2 个纵隔膜，大小为（14.9～45.7）μm×（10.8～18.9）μm，喙长 5～9 μm。

3. 侵染循环及发病条件

病原菌以菌丝体和分生孢子在病叶、病果等病残体上越冬，在翌年温度、湿度适宜时，产生分生孢子，借风雨传播。生长期间，病菌可通过分生孢子反复侵染中下部叶片及生长势较弱的果实。该病多发生于秋冬低温季节，其发生与空气的湿度关系紧密。连续阴雨，通风不良，土壤积水条件下发病严重。

4. 防治

（1）加强肥水管理，改良土壤，做到旱能浇、涝能排，增施有机肥，促进树体健壮生长，提高树体抗病能力，在不影响果实发育的情况下，减少病区灌水。

（2）枣树开花后，经常巡视果园，若发现少数病叶，则应及时摘除，集中烧毁，并清除果园里及附近杂草。

（3）在果实收获后新枝抽出前进行清园，彻底清除枣园里的落叶、落果和砍下的枝条，带到远离果园的地方，就地烧毁。也可先对果园用 70％甲基托布津可湿性粉剂 800～1000 倍，或 50％超微多菌灵可湿性粉剂 800～1200 倍液进行全面喷雾，再将落叶残枝集中烧毁。

（4）7 月中下旬和 8 月上旬发病初期各喷 1 次杀菌剂，常用药剂有 65％代森锌 500 倍液、50％多菌灵 800～1000 倍液、75％百菌清可湿性粉剂 600 倍液和 200 倍量式波尔多液等。

（5）发病期间摘除病叶，并用 70％甲基托布津可湿性粉剂 800～1000 倍液，或 20％三环唑可湿性粉剂 1000～1200 均匀喷雾，连喷 3 次。

（六）黑斑病

1. 症状

黑斑病主要在叶片上发生，也偶见于新发的腋芽上。初期在叶片背面产生零星褐色小点，以后病斑逐渐扩大，扩展为圆形或近圆形病斑，病斑小而多，直径 0.4～0.6 mm，边缘深褐色，中央灰白色，病健交界明显，后期病斑可开裂，叶片易脱落；空气潮湿时，叶背产生大量灰绿色霉层。若从叶缘处侵染，病斑向内扩展，则叶缘易焦枯。严重时病斑可合并成片，在叶背面覆盖较大的面积，影响叶片的光合作用，造成果实变小、落果，病果红褐色，软腐，使果味变差，品质降低。受害严重的叶片呈卷曲、扭曲状，易脱落。

2. 病原菌

病原菌为半知菌类链格孢属 ［*Alternariasp alternata*（Fr：Fr.）Keissler］真菌。菌落在 PDA 上铺展，致密，毛毡状，菌落圆形或近圆形，有明显的两层轮纹，边缘整齐。初期灰白色，然后转为墨绿色或黑色。分生孢子梗多单生，一般不分枝，直立或稍弯曲，淡褐色，具有 1～9 个分隔，$(1.75～60)$ $\mu m \times$ $(3.7～5.6)$ μm；产孢方式为内壁芽孔出式，孢痕明显；分生孢子多为 2～7 个链生，形状变化较大，有倒棍棒状、卵圆形、柠檬形至不规则形，大小为 $(18.8～59.4)$ $\mu m \times (8.8～18.8)$ μm；分生孢子表面粗糙，有瘤变，孢身褐色，2～8 个横隔膜，0～5 个纵隔，0～3 个斜隔，分隔处略缢缩，分生孢子有喙或无喙。喙及假喙柱状或锥状，$(5～35)$ $\mu m \times (3.1～5.6)$ μm，淡褐色，无分枝，具有 0～2 个隔膜，喙长与孢身之比为 0.29。

3. 侵染循环及发病条件

病菌以分化孢子和菌丝体在病残体上越冬，在温度、湿度适宜时，分生孢子借风雨传播。分生孢子从叶片表皮角质处直接侵入组织。该病一经发生，蔓延很快，易使青枣大面积受害。青枣黑斑病的发生与雨季有很大关系，随雨季来临的早晚，发病时间也提前或推迟。多数年份在 6 月的雨季来临后，该病开始发生。若雨季推迟到 7 月份，该病也推迟到 7 月份才开始发生。8 月上旬至 10 月上旬雨季期间是该病发生的高峰期，所有果园都不同程度地受害。10 月中旬雨季结束后，该病的蔓延有所减弱。但由于前期病原菌积累较多，危害仍十分严重，使大量枣叶变黄、脱落，不仅影响光合作用，而且抽发腋芽，使果实养分不足而发生落果，严重影响产量。1—5 月是该病的停滞期。

4. 防治

（1）农业措施：黑斑病防治应采取以农业栽培措施为主、药剂防治为辅的策略。应加强土肥水管理，增强树势，培养壮枝，避免在林间种植低矮的农作物，注意开沟排水，降低果园湿度，增加农家肥，增施钾肥，提高植株的抗病性。在 2—3 月份采果后及时进行修剪，剪除衰老枝、病枝、弱枝或更新主干；把剪下的病枝和落下的病叶集中烧毁或深埋，减少病原。重施 1 次果后肥，每株施有机肥 50 kg、复合肥 0.3～0.5 kg，然后灌水 1 次，使其抽梢整齐，培养壮枝。4—6 月份控制主干数在 3～5 根，剪除 80 cm 以下多余徒长枝，使下层通风。雨季来临前施 1 次钾肥以提高抗病性，注意控制杂草滋生。

（2）化学防治：在叶背面出现淡黑色小斑点时，喷洒 50％硫磺胶悬剂 200 倍液，或 75％百菌清可湿性粉剂 600～800 倍液，或喷洒 80％代森锌可湿性粉剂 600 倍液，均可有效地控制该病的发展。在叶背面刚刚有深黑色小斑点出现时，喷洒 70％甲基托布津可湿性粉剂 800 倍液或 50％多菌灵可湿性粉剂 800～1000 倍液，均可有效地抑制该病的发展。此外，若将甲基托布津或多菌灵与硫磺胶悬剂混用则其效果更好。

（七）煤污病

煤污病，又名煤烟病、烟霉病、黑煤病，常发生在管理不善或虫害防治不当的果园。常常由于红蜘蛛、叶蝉类、粉蚧类害虫在枝条或叶片上活动时分泌的蜜露而诱发产生。该病发生严重时，叶片发病率达 100％，其上被一层黑色的霉层所覆盖，可导致果实商品价值下降。

1. 症状

煤污病可为害嫩枝、叶片、花和果实。在病叶片和病果实上，首先会出现小黑色霉点，然后逐渐扩大覆盖整个绿色部分，形成一层黑色霉层，用手一剥即脱落。该病使植株光合作用降低，造成树势衰退，花少果少，果实变小，部分果实畸形，产量降低，品质变差，成果的商品价值降低。

2. 病原菌

该病的病原菌种类较多，主要是由一些次生病原物引起，如枣枝孢霉（*Cladosporium zizyphi* Karst & Roum）、链格孢属（*Alternaria* sp.）等真菌。

3. 侵染循环及发病条件

病菌在落果、落叶、枝干表面和野生青枣上越冬，在我国偏南地区没有越冬期。病菌通过风雨和昆虫传播，以粉蚧、粉虱、红蜘蛛等刺吸式口器害虫的分泌物为营养，明显伴随这些害虫的发生而消长、传播和流行。

治虫不力，管理粗放是发病的主要原因。当果园灌溉不及时、植株受旱严重时，将会诱发刺吸式口器害虫滋生；当使用杀虫剂和杀螨剂不及时、害虫的分泌物增多时，病害将会加重发生。煤污病从早春至晚秋均有发生，以7—8月发病最为严重。

4. 防治

煤污病的防治要采取以治虫为主、加强田间管理为辅的防治措施。及时消除果园落叶、落果，在早春对老树干喷洒化学杀菌剂防治，并做好除草和及时灌溉保水的工作，改善果园的通风和透光状况。

（1）当虫害严重时，采用松脂合剂12～20倍液、0.5～1波美度石硫合剂控制粉蚧、红蜘蛛。秋季成虫开始产卵时，可在树干处绑草把，以诱集成虫产卵，清园时取下草把集中烧毁，以减少来年的虫口基数。

（2）利用白粉虱对黄色有强烈的趋向性，可在植株旁边悬挂或插上涂以黏油的黄色木板或塑料板，振动花卉枝条，使白粉虱成虫飞舞，趋向和粘到黄色板上，起到诱杀作用。

（3）农药控制粉虱、粉蚧和红蜘蛛。在发病初期，喷洒70%甲基托布津可湿性粉剂和75%百菌清可湿性粉剂按1：1混合后的600～800倍稀释液，或77%可杀得可湿性粉剂800倍稀释液，或40%克菌丹可湿性粉剂400倍稀释液。连续用药2次，相隔10天左右喷1次，可抑制病害的蔓延。

（4）加强土、肥、水管理，增强树势，培养壮枝，增强抗病性；果实采收后随主干更新进行清园，减少病原；雨季来临前施1次钾肥，以提高植株抗病性；控制杂草滋生，剪除病枝并集中处理，使果园通风透光。

（八）枣锈病

枣锈病是枣树三大主要病害之一，在全国各地的枣树果园里均有发生。但枣锈病在青枣上的发生目前还仅在印度旁遮普邦有报道，而我国的野生青枣和栽培青枣上均未发现该病。

1. 症状

该病主要侵害枣叶，造成叶片早期脱落。该病初发生时，在叶片背面出现淡绿色小点，后逐渐变为灰色、凸起并变为黄褐色斑块，即病菌的夏孢子堆。这种孢子堆多分布在叶脉两侧、叶尖和叶片基部上，有时连成条状或片状，形状不规则，后期破裂，散出黄粉，即夏孢子。该病发展到后期，在叶片正面与夏孢子堆相对应处出现绿色小点，边缘不规则，使叶面呈花叶状，并逐渐变为灰黄色，最后叶片失去光泽，干枯脱落。落叶首先从树冠下部开始，逐渐向上蔓延。严重发生时，果面也会出现病斑及孢子堆。由于叶片脱落过早，叶自下向上逐渐脱落，致使枣果不能正常成熟，单果体小，从而严重影响了枣树的产量。

2. 病原菌

病原菌为枣层锈菌［*Phakopsora ziziphivulgaris*（cp. Henn）Diet］。目前只发现冬孢子和夏孢子阶段，夏孢子堆单生或群生、凸起，直径 $1\sim6\ \mu m$，初生于表皮下，后突破表皮。夏孢子黄色或淡黄色，单细胞，革质，椭圆形或卵圆形，孢子表面密生短刺，长 $14\sim26\ \mu m$，宽 $12\sim20\ \mu m$。耸状体灰色，长 $40\sim80\ \mu m$，宽 $5\sim7\ \mu m$。冬孢子堆在落地病叶上形成，散生，近圆形，黑色，不突破表皮，直径 $2\sim5\ \mu m$。冬孢子近长椭圆形或多角形，单孢，栗褐色，表面光滑，上层孢子顶壁稍厚，冬孢子 $(8\sim20)\ \mu m\times(6\sim12)\ \mu m$。

3. 侵染循环及发病条件

枣锈病主要以落叶上的夏孢子堆越冬，或以多年生菌丝在病芽中越冬，在第二年温度、湿度适宜时，夏孢子引起初次侵染。越冬后的夏孢子在 $3℃\sim33℃$ 均可萌发，最适温度为 $24℃$，通常在 6—7 月份雨水多、湿度大时开始萌发，一般从叶片的气孔侵入，$11\sim16$ 天后开始发病，产生新的夏孢子并借风雨传播。随着侵染—飞散—再侵染的重复，空中的夏孢子呈上升的趋势。枣锈病首先在根蘖苗和树冠下部离地较近的枝叶上发生，然后逐渐向上传染，发病初期以东、南、西三个方向较重，北向和内膛发病较轻。随着侵染的扩大，到发病中后期，北向发病加重，与东、南、西三个方向发病程度相差不大，但内膛仍比四个方向发病轻，上部发病最重，下部次之。其原因为枣锈病的夏孢子飞散受到叶片的层层阻隔，仅有很少的能附在内膛的叶片上使内膛叶片染病。8 月份，感病植株开始大量落叶。地势低洼、黏土重的水浇地比沙岗地上的枣树发病重。

4. 防治

枣锈病流行初期较慢，中期较快。因此，在防治枣锈病的过程中，要本着预防为主、综合防治的方针，在降雨量较多的年份，把枣锈病的防治工作作为重点，提前进行预防。

（1）加强田间管理，提高树体抗病性。落叶后至发芽前，彻底清扫枣园内落叶，集中烧毁或深翻掩埋土中，以减少越冬菌源，消灭初侵染来源。在枣树易感病期，喷施 0.5％尿素液或 0.3％磷酸二氢钾溶液 2～3 次，增强树势。新建枣园，栽植枣树不宜过密，对稠密生长的枝条要适时进行修剪，调整好树体结构，使枝系分布均匀，改善通风透光条件。雨季应注意及时排水，降低枣园湿度。枣树行间要留营养带，种植绿肥，近枣树行间避免种植高秆作物。

（2）药剂防治可在枣锈病菌侵入叶片之前，喷洒 1 次 1∶2∶200 倍量式波尔多液，8 月中、下旬再各喷洒 1 次，可基本控制病害；枣锈病已发生时，用 1000

倍粉锈宁或 800 倍退菌特防治。在病害传播感染和再侵染期，分别选用 25％粉锈宁 1500 倍液和 50％甲基托布津 1000 倍液，防治效果均十分显著。用 80％大生 M－45 可湿性粉剂 400～600 倍液，对预防和控制枣锈病的初侵染和再侵染具有很好的效果。20％粉锈宁乳油 600 倍液也具有较好的预防效果，但使用时注意控制浓度，以免产生药害。为避免抗药性的产生，可将大生 M－45 与粉锈宁交替使用。

（九）灰霉病

灰霉病主要在冬末、春初低温的条件下发生，但不常见。青枣灰霉病多发生在冬、春季，主要侵染苗圃树苗叶片。该病在阴雨天蔓延迅速，严重时导致叶落枝枯。目前有关青枣灰霉病的研究很少。

1. 症状

病斑常生于叶缘，初为水渍状，后为黄褐色，呈"∧"形向内扩展，可至大半个叶片，隐约有轮纹，边缘波浪状，病健交界分明；病斑生于叶片中央时，则扩展成牡丹花状大黄褐斑，病叶易脱落；潮湿时，叶背面产生大量灰色霉层（分生孢子和分生孢子梗），一触即烟雾状飞散（即病菌的分生孢子）；病情严重时，整株枯死。叶片正面病斑边缘不规则，暗绿色，中央枯黄色，有不明显的狭窄、白色同心轮纹。初期病斑针尖大小，暗绿色，后期可扩展到半个片叶或整个叶片。叶背面病斑边缘不明显，淡灰色至淡褐色，背面叶脉褐色，其上长有灰色的菌丝及分生孢子梗。下部叶片发病多于上部叶片。偶见嫩梢灰黑色，枯死，其中长有大量灰色霉层（菌丝体、分生孢子梗、分生孢子）。

2. 病原菌

灰霉病病原菌为半知菌类灰葡萄孢（*Botrytis cinerea* Pers.），属于丝孢纲的一种真菌。菌落在 PSA 上呈放射状，易形成菌核，初期无色，中期灰绿色，后期黑色，形状不规则。病原菌的菌落在 PDA 上致密，絮状，灰色，气生菌丝茂盛但较短，产孢后菌落表面呈粉状。分生孢子梗直立，数根丛生，褐色，光滑，大小为（80.0～200.0）μm×（6.3～15.0）μm，顶端有 1～2 次分枝，分枝末端明显膨大；分生孢子卵圆形或近球形，单胞，灰色，大小为（6.3～12.5）μm×(6.3～11.3) μm，平均为 10.5 μm×9.3 μm；菌核初期无色，中期灰绿色，后期黑色，形状不规则，大小为（2.0～5.4）μm×（1.4～4.2）μm。该菌的生长温度范围是 5℃～28℃，产孢温度范围是 5℃～20℃，最适于菌丝体生长、产孢和孢子萌发的温度分别为 20℃、15℃和 20℃；病菌在 pH 值为 3～9 时均能生长和产孢，最适 pH 值为 5～6，其孢子萌发的 pH 值范围是 2～10，最适为 5～6；只有在饱和湿度下，孢子才可萌发。

3. 侵染循环及发病条件

灰霉菌的菌核和分生孢子的抗逆性都很强，尤其菌核是病菌的主要越冬器官。灰霉菌是一种寄主范围较广的兼性寄生菌，其初侵染的来源非常多，甚至空气中都有可能有病菌的孢子。分生孢子在空气流动中传播到花器官上，花上有外渗的营养物质，分生孢子很容易萌发，开始初侵染；初侵染发病后，又长出大量新的分生孢子且易脱落，并靠气流传播进行再次侵染。多雨潮湿和较凉的天气条件适宜灰霉病的发生，并主要在冬季至春季发生。在春季，排水不良的苗圃中易发病。灰霉菌是弱寄生菌，管理粗放、施肥不足、机械损伤和虫伤多的果园发病也较严重。

4. 防治

（1）果园清洁：在病残体上越冬的菌核是灰霉病的主要侵染源，因此应结合其他病害防治，彻底清理果园。

（2）加强果园管理：控制速效肥的使用，改良土壤结构，防止枝梢徒长，抑制营养生长；对过旺的枝条进行修剪，合理稀植，搞好果园通风透光；及时铲除杂草，降低土壤湿度，注意开沟排水，降低田间空气湿度；雨季到来前，施药保护等。这些果园管理措施，均有较好的控病效果。

（3）药剂防治：花前喷洒1~2次药剂预防，可使用50％多菌灵可湿性粉剂500倍液或70％甲基托布津可湿性粉剂800倍液，有一定预防效果。用50％速克灵或50％农利灵可湿性粉剂1500倍液喷雾，对灰霉病有很好的防治效果。但是，灰霉病对化学药物的抗性较其他菌都强，因而只有采取多种药剂交替使用，才能收到良好的防治效果。

（十）焦腐病

焦腐病又称蒂腐病，主要发生在果实上，但发生不很普遍，对产量影响不大。由于该病害常发生在青枣采摘后的贮藏销售期间，故对其研究较少。

1. 症状

该病害一旦发生，其危害则较为严重。焦腐病主要引起果实蒂部发病，由内向外扩展，发病速度快，病部为米黄色，病斑呈不规则形状，病健交界不明显，腐烂的果肉呈黏液状，并产生酸味。后期果实产生许多小颗粒，为病原菌的分生孢子器。病斑最初如针尖大小，呈暗绿色，水渍状，后逐渐扩大成圆形病斑，初为深褐色，后中央转为赤褐色，边缘黑褐色，周围有黄色晕圈。病斑大小为0.5~2.4 cm，病部果肉为褐色，并腐烂。

2. 病原菌

焦腐病病原菌为可可球二孢菌（*Botryodiplodia theobromae* Pat.），在PDA培养基上生长旺盛，放射状生长，菌丝体初为灰白色，后转为灰色至暗灰色，分生孢子器近球形，暗褐色。分生孢子椭圆形，初期单孢无色，内含物呈颗粒状，成熟的分生孢子双胞，褐色至暗褐色，表面有纵纹，大小为（13.0~18.1）μm×（22.2~28.1）μm。

3. 侵染循环及发病条件

病原菌以分生孢子在病部越冬，通过气流传播。春季该菌先侵染花器官，引起花腐。在谢花期如遇阴雨天，腐烂的花瓣掉落在叶片上后，病菌则以花瓣为桥梁侵入叶片，产生灰白或黄褐色病斑。果实感染发生于采收、分级和包装过程中，此时病菌直接污染采果时留下的采摘伤口（果柄与果实分离处），造成侵染。果园中病菌孢子的大量形成时期是在开花后期至落瓣期，此时80%～90%即将凋谢的花上可见到有孢子产生。谢花以后，除了受伤的组织以外，植株上一般就难以见到有孢子形成。

4. 防治

果实感病是由于病原菌在采摘时通过伤口侵染的，所以一切能减少病菌到达采摘伤口的措施对该病的防治都会有效果。花期田间喷洒杀菌剂能减少侵染源基数，但不能直接、有效地控制该病。因此，防治应抓住两个关键时期，即开花后期至落瓣初期（此时主要抑制凋谢花瓣上产生大量的病菌孢子）和采前期（主要是减少病菌在采收和采后处理过程中污染采摘伤口）。另外，带果柄采摘可以延迟发病时间，其具体防治措施为及时摘除病花，集中烧毁；在两个防治关键时期各喷洒1次杀菌剂（如波尔多液、代森锌或扑海因）；采前用药要尽量使药液喷洒到果蒂处，采后24小时内要及时用药剂处理采摘伤口或药剂浸果；搞好冬季清园工作，消除越冬病原。

（十一）贮藏期烂果病

在运输和贮藏过程中，青枣烂果现象较为严重。贮藏期烂果病即是指青枣在贮藏过程中各种果实腐烂症的总称。

1. 症状

病斑初为小褐点，逐渐扩大成边缘不清的大病斑。病部中央略凹陷，果肉变褐色，腐烂。一般在贮藏10天左右开始显症。湿度大的时候，病部或整个果实上出现白色或浅灰色的菌丝。病部中央有淡黄色或品红色的孢子团，或黑色小颗粒。形成的大量菌丝体主要是由镰刀菌所致，产生的红色孢子团是由炭疽病菌所引起，产生的黑色小颗粒是茎点霉菌所致。除上述病原菌外，青枣贮藏期烂果可能还有更多类型的病原及症状。大量研究表明，以炭疽病为烂果的主要原因。一般炭疽菌和镰刀菌引起的烂果发病速度较快，而茎点霉菌引起的烂果病发生速度较慢。

2. 病原菌

相关研究显示，引起贮藏期烂果的病菌很多，它们大多来自田间果实的污染或潜伏侵染。据国外研究，链格孢属（*Alternaria* sp.）引起的腐烂可占整个腐烂的28.6%。常与烂果有联系的病原菌有 *Colletotrichum gloesporioides*，*Alternaria chartarum*，*A. Brassicola*，*Aspergil usmamus*，*A. parasiticus*，*Hel-*

minthosporium atroolivaceum，*Phoma herbaum*，*Phoma hissarensis*，*Stemphyliomma valparadisiacum*，*Curvularia lunata*，*Cladosporium herbarum*，*Nigrospora oryzae*，*Epicoccum nigrum*，*Glomerella cingulata*，*Fusarium* sp. 等。大量的研究结果证实，引起青枣贮藏期烂果的病原菌主要有炭疽菌（*Colletotrichum* sp.）、镰刀菌（*Fusarium* sp.）和茎点霉菌（*Phoma* sp.），尤以炭疽菌为主。

（1）镰刀菌（*Fusarium* sp.）：在 PSA 培养基上产生茂密的菌丝，呈疏松棉絮状，菌落乳白色，在培养基上能看到清晰的同心轮纹。分生孢子较宽，无色，有隔膜，不分枝或多次分枝，宽 3~5 μm，最上端为产孢细胞，产孢细胞内壁芽生瓶体式产孢，产生两型分生孢子。大型分生孢子细长，新月形，直或稍弯，通常 3~4 个隔膜，大小为（14.7~35.8）μm×（4.5~8.0）μm；小型分生孢子椭圆形至卵形，单孢无色，大小为（3.6~10.9）μm×（2.0~5.0）μm。该病菌在接种 3 天后，便在青枣果实上形成病斑，病斑上产生大量白色菌丝，引起果肉腐烂；接种 7 天后，病斑上即形成白色的霉层。

（2）茎点霉菌（*Phoma* sp.）：在 PSA 培养基上生长较慢，产生的菌丝少，紧贴培养基生长，分生孢子器着生于菌落之中。菌落初为白色，后期变成黑色。分生孢子器呈球形，褐色，分散或偶尔聚生，大小为 310~530 μm。分生孢子单孢，无色，椭圆形、梨形或近球形，大小为（2.7~5.1）μm×（1.3~2.5）μm。

3. 侵染循环及发病条件

炭疽菌、镰刀菌和茎点霉菌三者都在田间侵入果实，特别是有伤口的果实更易受侵染。病菌可在田间落果上越冬，也可能在落叶或枝干表面越冬。在条件适宜时，形成分生孢子侵入果实，由害虫所致的伤口或其他原因所致的伤口最先发病，病部产生分生孢子，借风雨传播。但多数果实隐症，病菌呈潜伏状态。果实采收后，由于果实的后熟作用及贮藏的条件不适宜，特别是在高湿、不通风的条件下，发病速度加快。

4. 防治

生长期间喷药保护，收获后用低毒或无毒药剂处理，做好贮藏期管理，是减少烂果病的有效对策。

（1）减少伤口，降低被侵染的机会。在生长期间采用药剂防治钻蛀性、刺吸性及锉食性害虫的危害。收获和运输过程中，应轻拿轻放，避免造成伤口。

（2）药剂浸泡处理，杀死潜伏侵染的病菌。青枣采收后，可采用特克多、多菌灵、扑海因等药剂浸泡，晾干后装箱运输。

（3）低温贮藏，即 4℃ 条件下贮藏，可明显降低烂果病的发生率。加强冷库通风，降低湿度，特别是要避免果面积水。

三、青枣主要虫害及其防治技术

(一) 柑橘叶螨

柑橘叶螨 ［*Panonychus citri*（McGregor）］，是青枣上的一种重要害虫，又称柑橘红蜘蛛、瘤皮红蜘蛛，属蛛形纲、蜱螨亚纲、蜱螨目、叶螨科。寄主范围广，包括柑橘类、枣、枇杷、樱桃、桃、葡萄、桂花等。

1. 危害特征

柑橘叶螨主要为害叶片和果实，以成螨、幼螨、若螨群集在叶片、嫩梢、果皮上吸汁危害。雌螨产卵于叶片中脉基部及两侧、叶柄、嫩枝和果面，卵孵化后，若螨、成螨取食叶片。被害处叶绿素含量下降，叶面密生灰白色针头大小点，重者全叶灰白，失去光泽，导致叶片的光合作用减弱，继而叶片褪绿黄化，引起落叶、落果，影响树势和产量。为害果实时，在果面产生粗糙褐色疤痕，影响果实品质。

2. 形态特征及生活习性

（1）形态特征。

①成螨：其足有 4 对。雌螨体近梨形，暗红色，体长 0.4 mm，最宽处 0.24 mm，体背有 26 根粗大的刚毛，刚毛着生在大而呈白色的毛瘤上；雄螨楔状，红色，体长 0.33 mm，后端略尖，体背具有白色刚毛 10 对。

②若螨：形状色泽均同成螨相似，足有 4 对，但体形较小。幼螨蜕皮为前若螨，再蜕皮为后若螨，后若螨蜕皮则为成螨。

③幼螨：足有 3 对，体近圆球形，淡红色，体长 0.2 mm，初孵时淡红色。

④卵：最初为鲜红色后渐褪色，有光泽，球形，稍扁，直径 0.13 mm，由尖端放射出 10～12 条丝质卵柱，将卵固定在叶片上。

（2）生活习性。

柑橘叶螨主要以卵和成螨在叶背面和枝条裂缝内越冬，具有世代重叠现象，一般一年发生约 20 代。发育和繁殖的适宜温度在 20℃～28℃，当温度超过 30℃时，螨的死亡率增加；当温度高于 40℃时，则不利于其生存。柑橘叶螨在秋季和初冬结果期，对果实的危害尤其严重。雌雄螨交尾后，雌螨每天产卵 2～3 粒，一生可产卵 30～40 粒。成螨寿命约 18 天，完成一代约需 21～35 天。柑橘叶螨的族群密度常在 2—6 月和 10—12 月出现两次明显高峰。虽然柑橘叶螨进行两性生殖，但有时也可孤雌生殖，没有受精的卵孵化发育为雄螨，受精卵则孵化发育为雌螨，而后代多为雄螨。雌螨产卵于叶片正反两面，但以叶背面主脉两侧居多。柑橘叶螨具有喜光趋嫩特性，在树冠外围中上部，山地、丘陵地果园的阳坡，光线充足、湿度偏低部位发生多，有从老叶向嫩绿枝叶转移的特性。因此，幼树、幼苗上的虫数量一般较成年树多，受害重。夏季炎热天气或暴雨不利于柑橘叶螨发生。

3. 防治方法

（1）加强管理，增强树势。合理施肥、适时排灌，以增强树势，提高青枣的抗虫害能力；在冬季至初春清洁枣园，集中烧毁枯枝、落叶；生长期间清除枣园内杂草，减少虫源。

（2）保护和利用天敌。在枣园四周种植花生、大豆等低矮作物，改善环境，以帮助捕食螨的草蛉幼虫、食螨瓢虫、六点蓟马等天敌的活动，建立稳定的天敌群落。

（3）化学防治。到春、秋季节平均每百叶虫数为 100～200 头，夏季每百叶虫数为 300～400 头，且天敌数量不足时，可采用化学防治。化学防治可用扫螨净、克螨特、代森锌、尼索朗、阿维菌素、柴油机油乳剂、20％双甲脒 1500 倍液以及 0.25％～0.5％苦楝油等。

（二）绿盲蝽

绿盲蝽（*Lygus pratensis* Linnaeus）又称绿蝽象、小臭虫，属半翅目，盲蝽科。绿盲蝽能为害多种果树及蔬菜等。

1. 危害特征

由于绿盲蝽个体小，其以成虫和若虫刺吸青枣树嫩梢、嫩叶、花和幼果的汁液，使被害处最初出现褐色小斑点。叶片受害后，随着叶片的生长，褐色斑点处破裂，轻则穿孔，重则呈破碎状，常造成新芽、幼叶变黄、畸形、萎缩，甚至停止生长。受害芽叶生长缓慢，呈失绿斑点，叶至粗老，芽常呈钩状弯曲，随叶片生长，被害处变为不规则的孔洞和裂痕，叶片皱缩变黄，俗称"破叶疯"。花蕾受害后，形成小黑点，停止发育，以至枯死，花朵脱落。随着青枣幼果的增大，其表面出现不规则的锈斑，严重时果实成畸形生长，使果实的商品价值受到很大的损害。

2. 形态特征及生活习性

（1）形态特征。

①成虫：体长 5～6 mm，绿色，扁平。头呈三角形，黄褐色复眼突出，无单眼。触角 4 节，丝状，淡褐色，以第 2 节最长，略短于第 3～4 节长度之和。前胸背板深绿色，密布许多小黑点。前翅基部革质，绿色，膜质部分暗灰色，端部膜质，半透明。腿节端部具有 2 根小刺，跗节及爪为黑色。

②卵：卵长而略弯，似香蕉状，长约 0.8～1 mm，淡绿色，具有白色卵盖。

③若虫：体形与成虫相似，5 龄若虫出现翅芽，共 5 龄。1 龄若虫体长 0.8～1 mm，淡黄绿色，复眼红色；2 龄若虫体长约 1.2 mm，黄绿色，复眼紫灰色，中、后胸后缘平直；3 龄若虫体长约 1.9 mm，绿色，复眼灰暗色，开始显露翅芽；4 龄若虫体长 2.4 mm，绿色，复眼灰色，小盾片明显，翅芽伸抵第一腹

节后缘；5龄若虫体长约3.1 mm，绿色，复眼灰淡色，翅芽伸抵第四腹节后缘。1~3龄若虫腹部第三节背中有一橙红色斑点，后沿有1个"一"字形黑色腺口。4龄后色斑渐褪，黑色腺口明显。

（2）生活习性。

绿盲蝽的危害在枣园普遍存在，全年均可发生，但以在干旱少雨的5—6月危害尤其严重。一年发生3~5代，以卵在剪锯口、断枝或茎髓部越冬。翌年3—4月上旬，越冬卵开始孵化。5—6月为枣树抽枝展叶盛期，开始出现成虫，并产卵繁殖，也是危害高峰期。青枣萌芽后，开始发生危害。无嫩梢时，则转移至杂草及蔬菜上为害。成虫活动敏捷，受惊后迅速躲避，不易被发现。若虫、成虫均昼伏夜出为害，多在清晨和傍晚取食，频繁刺吸芽内的汁液，一头若虫一生可刺吸1000多次。该虫害的发生和大气条件密切相关，高温高湿有利发生，气温在15℃~25℃，相对湿度为80%~90%。绿盲蝽有趋嫩、趋湿习性。

绿盲蝽成虫历期30多天，若虫历期28~44天。1龄若虫4~7天，一般5天；2龄若虫7~11天，一般6天；3龄若虫6~9天，一般7天；4龄若虫5~8天，一般6天；5龄若虫6~9天，一般7天。

3. 防治方法

（1）农业防治。结合冬季清园，彻底清除杂草及其他植物残体。于3月中、下旬结合刮树皮，喷洒波美3%~5%的石硫合剂，可杀死部分越冬卵。

（2）生物防治。三突花蜘蛛和盘触蝇虎等天敌常捕食绿盲蝽若虫，对其种群有明显的抑制作用。因此，田间用化学农药时，尽可能少用广谱性、高毒性的杀虫剂，在果园四周栽植低矮植株，供蜘蛛等栖息。

（3）化学防治。于5月—8月，在各代若虫发生期及时喷药防治。药剂选择以触杀性和内吸性的药剂混合使用为原则，如用4.5%高效氯氰菊酯乳油1500~2000倍液和5%啶虫脒乳油2000~2500倍液混合喷洒，或2.5%溴氰菊酯乳油2000~2500倍液喷洒。要求全园统一喷药，着重对树干、地上杂草及行间作物进行喷雾。

（三）橘粉蚧

橘粉蚧［*Planococcus citri*（Risso）］又称枣粉蚧、紫苏粉蚧、柑橘粉蚧，属同翅目，粉蚧科。食性杂，可在青枣、柑橘、柚子、橙、牡丹、菊花、茶花、君子兰、凤仙花、常春藤、牵牛花、十字景天、变叶木、棕榈等多种植物上为害。

1. 危害特征

橘粉蚧为害叶片、果实，成虫及若虫皆密集于枝条、叶腋、果实，或潜伏于开裂皮层下，用刺吸式口器吸食为害，致使新梢畸形，而叶片、花、幼果早落。在该虫害严重时，造成枣树不能结果。橘粉蚧还能排泄黏液，诱发煤烟病，引来蚂蚁共生。被害叶卷缩，生长不良，并影响果实品质。

2. 形态特征及生活习性

（1）形态特征。

①成虫：雌成虫呈卵圆形，体长 3~4 mm，宽 1.3 mm，黄褐色或红褐色，体被白色蜡粉，体缘有 18 对白色蜡丝，体侧具有 17 对短蜡毛，体末端的一对蜡毛最长。雌成虫无翅，但复眼、触角及足均可见，口器发达，呈长丝针状，位于前胸足间。背部隆起，体缘倾斜并有放射状隆起线；体背中央有 4 列纵向断续的凹陷，凹陷内外形成 5 条隆脊。触角有 8 节；气门腺有 5 孔，气门刺有 3 根，中央气门刺长于两侧气门刺；肛环具有 2 列圆形孔和 8 根肛环刺毛；多孔腺分布在腹面，大管状腺主要分布在虫体腹面边缘。雄成虫红褐色，体被白蜡粉，体长形，有 1 对胸翅，白色透明，后翅为平衡棒，翅展 3.0~3.5 mm；头部红黑色，翅为土黄色，触角有 9 节，眼红色，足发达，腹部末端有 2 条白色蜡腺，有肛环刺毛 6 根。

②卵：长 0.3 mm，椭圆形，乳白色，近孵化时变橙黄色、红褐色。卵囊淡黄色，棉絮状。

③若虫：经 3 次蜕皮变为成虫。1、2 龄若虫体黄色至黄褐色，腹末有两根白色长尾丝。3 龄若虫体长 1.1 mm，触角有 7 节，周缘有蜡丝 18 对。介壳柔软、浅灰至灰黄色。体覆白色蜡粉。

④蛹：暗红色，体长 1.2~1.7 mm，茧呈椭圆形。

（2）生活习性。

一年发生 8~9 代，在夏季完成一世代需 26 天，冬季需 55 天。雌虫成熟后，自尾端分泌棉絮状白色蜡质于卵囊，而后产卵于囊内。雌虫一生可产卵 234~507 粒。卵长圆形，淡黄色，表面光滑，卵期 2~8 天。橘粉蚧以卵、若虫或未成熟的雌虫在枝干缝隙处越冬，翌年 3 月中旬越冬代雌虫开始活动，4 月下旬—5 月中旬产卵，卵期约 2 周，5 月中、下旬若虫孵化。雄虫在 9—10 月间可见，在表上层下 1 cm 处化蛹，部分秋季羽化，部分则越冬后，翌春再继续发育。雌若虫经 3 次蜕皮变为成虫。成虫常在树冠内幼嫩的树叶上活动，卵多产于叶首，常数粒至数十粒密集在一起呈圆弧形。初孵幼虫做短距离爬行后，在卵壳附近固定下来，吸食为害。雌成虫喜群集于叶脉间、花穗等处吸食为害。干旱季节和管理粗放的枣园，粉蚧危害较为严重。

3. 防治方法

（1）人工防治。早春刮树皮，消灭越冬的若虫；剪除被害枝梢、叶片，集中烧毁，以减少越冬虫口基数。

（2）保护天敌。在枣园尽量减少使用剧毒、广谱农药，减少农药对天敌的杀伤，保护和释放红点唇瓢虫。

（3）药剂防治。抓住孵化盛期喷药，此时蚧壳尚未增厚，药剂容易渗透。每隔 7～10 天喷 1 次，连续 2 或 3 次，重点抓住第一代若虫期喷药防治。常用药剂可选用 2.5％溴氰菊酯 6000 倍液、75％辛硫磷乳油 2000 倍液、50％敌敌畏乳油 1000 倍液、2.5％敌百虫粉剂、20％速灭杀丁乳油、25％功夫菊酯乳油 2000 倍液、48％乐斯本 1000 倍液，或 40％杀扑磷乳油 1000～1200 倍液等。

（四）桔小实蝇

桔小实蝇（*Bactrocera dorsalis* Hendel），又称果蛆、东方果实蝇，属双翅目，实蝇科。桔小实蝇为杂食性害虫，除可为害青枣外，还可为害柑橘、柠檬、橙、柚、杨梅、梨、李、杏、桃、枣、枇杷、葡萄、石榴、柿子、番茄、辣椒、茄子等 45 科 250 余种水果和蔬菜，有果蔬"头号杀手"之称，为国内检疫对象。

1. 危害特征

成虫产卵于快成熟果实的果皮下，幼虫孵化后即钻入果肉里取食，受害果实表皮外常可见虫蛀孔和流出液，蛀孔周围变黑，引起腐烂，造成大量落果而失去食用价值。9 月份前挂果的青枣受害率一般为 40％～50％，严重时可达 100％。

2. 形态特征及生活习性

（1）形态特征。

①成虫：体长 7～8 mm，翅展 16 mm。复眼间黄色或红棕色，单眼 3 个，复眼的下方各有 1 个圆形大黑斑，排成三角形。胸背团为黑褐色，中胸两侧具有黄色纵带，上生黑色或黄色短毛，小盾片为黄色，连成"U"字形；第 1、2 节背面各有一条黑色横带，从第 3 节开始中央有一条黑色的纵带直抵腹端，构成一个明显的"T"字形斑纹。喙短，淡黄色。全体黄色与黑色相间，前胸肩胛为鲜黄色，中胸背为黑褐色，两侧有黄色纵带，后胸背为黄色。除肩胛内侧、中胸缝、背侧板胛和侧后缝有黄色条外，均为黑色，形成近似"土"字形的黑色区。翅透明，长约为宽的 2.5 倍，翅端有黑色带状斑。产卵器长，由 3 节组成。雄成虫体长 6 mm，翅展 14 mm，腹部由 4 节组成。

②卵：乳白色，梭形，长约 1 mm，一端细而尖。

③幼虫：1 龄体长 1.2～1.3 mm、2 龄体长 2.5～5.8 mm、3 龄体长 7～11 mm，黄白色，体圆锤形，口钩黑色。

④蛹：长约 5 mm、宽 2.5 mm，椭圆形，淡黄色。

（2）生活习性。

桔小实蝇在南方地区一年发生 3～8 代，世代不整齐，常有重叠现象。在种植有多种成熟期不一致的果树的果园中危害较重，而且田间各虫态常同时存在，可终年活动。桔小实蝇在无冬季地区以成虫越冬，在有冬季地区以蛹越冬。桔小实蝇成虫具有一定的趋光性，同时具有爱动、喜栖息阴凉环境的习性。成虫寿命 65～90 天；成虫在羽化后 25～34 天开始产卵，在产卵前需吸食蛋白质、糖类，如取食蚜虫、粉虱的分泌物或植物枝叶损伤处流出的汁液等，才能发育成熟。羽化时，以复眼间的额囊缝血液的压缩而膨胀，将蛹壳顶破而出。成虫每天活动高峰在 9：00～10：00 和 14：00～19：30。成虫主要取食熟果、裂果、烂果等的汁液。早上 8：00～10：30 和 15：00～18：00 为取食时间，夜间在有光的情况下也会取食，但在正午或温度较高的情况下几乎不取食。

3. 防治方法

目前，国外对桔小实蝇的防治方法主要有引诱灭雄法、喷洒蛋白水解物等诱饵灭雌雄法、辐射不育法、化学农药杀灭、套袋及一系列农业防治法。国内对桔小实蝇的防治方法也多种多样，包括农业防治、物理防治、化学防治、生物防治等。因此，可根据青枣果园的实际情况，相应采取以下防治措施：

（1）加强检疫。桔小实蝇以幼虫和卵随被害果品和蔬菜作远距离传播，极易随着人类活动而传播到新的区域。因此，要加强产地检疫，严禁调运已受害的青枣，一旦发现虫果必须经有效处理后方可调运。植物检疫机构应加强对桔小实蝇的产地检疫和调运检疫工作，限制受害水果等产品调运，防止疫情进一步扩散。

（2）冬耕灭蛹。在桔小实蝇越冬成虫羽化前深翻果园土壤，使桔小实蝇不能羽化出土。也可适当采用化学药剂防治，如用 48％乐斯本乳油 800～1000 倍液在土壤表面泼浇。

（3）及时清理果园虫害果。3 月底，在果实采收后，把果园内因病虫害或生理原因的落果捡拾起来，埋在土坑里或浸在混有辛硫磷农药的水池中；清理果园里的残枝落叶和杂草，集中烧毁，使其不能化蛹或直接杀死幼虫。果实进入生理落果期后，即从 11 月份开始，每周捡拾落果 1 次，落果多时每周 2 次；经常铲除果园的杂草，保持果园的清洁，破坏桔小实蝇滋生的场所。

（4）挂果期诱杀成虫。根据前人的防治经验，对成虫进行诱杀是防治桔小实蝇的很好途径。其具体做法是：在青枣树开始结果时（约 9 月份），即在果园里利用性引诱剂甲基丁香酚诱杀雄成虫。每亩果园挂 3～5 个诱捕器，每个诱捕器的诱芯加 1.5 mL 性引诱剂和少许敌敌畏，每隔 10～15 天添加一次。果园周边挂诱捕器要求密度大些，悬挂在离地面约 1.5 m 高且比较荫蔽的树枝上，这样可以大量诱杀果园及周边的桔小实蝇雄成虫，减少雌成虫交配产卵的机会，降低虫口密度。在果实进入成熟期后，即 11 月份开始，停止性引诱剂诱杀雄虫，而改用专门的桔小实蝇食物诱剂。该诱剂的特点是引诱距离短，对桔小实蝇的雌虫和雄虫都可以有效地进行诱杀，适合面积较小的果园防治桔小实蝇，效果很好。食物诱剂的配法是：每包（150 g）食物诱剂加 1 包万灵粉（5 g）兑水 2.25 kg，均匀混合即配成。在每个诱捕器里加 150 mL 配好的诱剂，每隔 10～15 天添加一次即可，直至收果后待果园清理干净时才停止添加药剂。

（5）化学药剂防治。在果实膨大期，抓住成虫产卵前的时机，用吡虫啉

1500~2000 倍液每隔 10 天喷洒 1 次进行驱赶；还可采用土壤杀虫措施，可选用土壤杀虫剂 50％甲基辛硫磷乳油，按 800~1200 倍的浓度使用，每周施药 1 次，连续 2~3 次可杀灭虫蛹。

（6）套袋防虫。在有条件的青枣果园，实行套袋防虫。果实产量较高、经济效益较好的果园，可在桔小实蝇即将产卵时，对果实进行套袋处理。但由于青枣结果多，全部套袋防虫需要花费很多人力。为节省劳力，可根据实际情况选择部分果实套袋。

（五）台湾黄毒蛾

台湾黄毒蛾［*Porthesia taiwana*（Shiraki）］属鳞翅目，毒蛾科，别名毛毛虫、刺毛虫，寄主可以是青枣、茶、芦笋、番茄、玉米、桃、蒲桃、梨、柑橘、番石榴、桑、杏、梅、柿、咖啡等 70 多种果蔬及其他植物。

1. 危害特征

台湾黄毒蛾是目前青枣常见的一种虫害。卵产于叶背，幼虫孵化后，起初在叶背为害；1~2 龄幼虫群集剥食叶肉成缺刻或孔洞，后分散为害叶、花蕾、花及果实；至 3 龄时，逐渐移向叶缘，并各自分散，除为害叶片外，也为害花果。幼果被害后成锈果状，极大影响外观品质。幼虫及茧上的毛有毒，皮肤接触后立即红肿发痒。成虫群集吸食汁液。

2. 形态特征及生活习性

（1）形态特征。

①成虫：体长 9~12 mm，翅展 26~35 mm，雌蛾较雄蛾大，头、触角、胸、前翅均为黄色，复眼圆且赤，前胸背部、前翅内缘具有黄色密生的细毛。触角羽状，前翅中央从前缘至内缘具有白色横带 2 条，后翅内缘及基部密生淡黄色长毛，腹部末端有橙黄色毛块。

②卵：球形，初产浅黄色，表面有不规则短隆起线，直径 0.8 mm，孵化前暗褐色，卵块呈带状，每块 20~80 粒，分成 2 排，粘有雌虫黄色尾毛。

③幼虫：橙黄色，体长 25 mm，头褐色，体节上有毒毛，背部中央生有赤色纵线。胴部两侧带有赤色刺毛块，背部黑色，背线为宽纵带，中央有赤色纵线，第 4、5 节背部中央各有一个黑色大毛块。化蛹在丝质及鳞毛的茧内。蛹呈圆锥形，色浅具有光泽。

（2）生活习性。

台湾黄毒蛾一年发生 8~9 代，周年可见各生长期个体。夏季完成一代需 24~34 天，冬季 65~83 天。6—7 月为发生盛期，卵期 3~19 天，幼虫期 13~55 天，蛹期 8~19 天，初孵幼虫群栖于植株上，3 龄后逐渐分散。成虫有趋光性。

3. 防治方法

（1）人工防治：消除树皮裂缝及杂草间的虫茧，在该虫产卵期人工摘除有卵块的叶片并烧毁。

（2）药剂防治：幼虫刚孵化时，对药剂抵抗能力最弱，可选用10％氯氰菊酯乳油2000倍液，或50％辛硫磷乳油1000～1500倍液，或苏云金芽孢杆菌（Bt）600～800倍液，或90％晶体敌百虫600～800倍液喷雾防治，或80％敌敌畏600～800倍液，或50％杀螟硫磷1000倍液等喷洒，每隔10天1次，共2～3次，防治效果较好。

（六）小白纹毒蛾

小白纹毒蛾［*Notolophus australis posticus*（Walker）］，属鳞翅目，毒蛾科。

1. 危害特征

小白纹毒蛾主要为害叶片、幼果。成虫昼伏夜出，产卵于叶片边缘，卵块状，上覆雌蛾的黄鳞毛。孵化幼虫群聚集取食叶片表皮，3龄后各自离散，找寻新的部位如花穗或幼果。幼虫刚毛有毒，触及皮肤会发生红肿痒痛。

2. 形态特征及生活习性

雄成虫体长11～25 mm，翅展24～34 mm，前翅上有暗色条纹。雌成虫翅退化，全体黄白色，长椭圆形，体长约114 mm。卵白色光滑，顶部有淡绿色环纹，卵产于雌虫的茧囊上，为不规则卵块，每一雌虫可产卵400～500粒。幼虫头部红褐色，体部淡赤黄色，全身有许多长毛瘤，体长22～30 mm。蛹黄褐色，雄蛹纺锤形，略扁，长11 mm，翅芽长及第5腹节后缘；雌蛹长椭圆形，翅芽仅及第2腹节中部。

3. 防治方法

（1）消除树皮裂缝及杂草间的虫茧，及时摘除有卵块的叶片和幼果，在该虫产卵期人工摘除卵块，集中烧毁。

（2）化学防治：可选用2.5％溴氰菊酯6000倍液、75％辛硫磷乳油2000倍液，50％敌敌畏乳油1000倍液、2.5％敌百虫粉剂等。

（七）咖啡黑点蠹蛾

咖啡黑点蠹蛾［*Zeuzera coffeae*（Nietner）］，又称六星黑色蠹蛾、咖啡豹蠹蛾，属鳞翅目，木蠹蛾科。近年来，咖啡黑点蠹蛾对青枣树的危害日趋严重。

1. 危害特征

青枣树被咖啡黑点蠹蛾侵害后，极易风折或枯死，导致严重减产。初孵幼虫多取食枣吊的维管束部分，随虫龄增长，幼虫多转移蛀食枣头嫩尖的髓心部分，由尖端分段下移。老熟幼虫则蛀食枣头基部的髓心及木质部分，蛀孔很大，多从二次枝之间蛀入。一个较长的枣头上蛀入孔有1～6处，隧道并不相通。据观察，6月中旬枣吊被蛀萎移明显，7月份主要为害当年生新梢，而到8月上旬则大部分为害2年生枝条，个别还同时蛀食3年生枝条。8月上旬至10月份，林间枣枝枯萎和折枝现象普遍发生，落叶后至冬季，可见虫枝风折倒挂，春季树木发芽后未折断的虫枝不发芽或迟发芽。

2. 形态特征及生活习性

（1）形态特征。

①成虫：雌成虫体长 20～23 mm，翅展 40～45 mm，触角丝状；雄成虫体长 17～20 mm，翅展 35～40 mm，触角基部双栉齿状，端部丝状。全体灰白色，前翅散生大小不等的蓝黑色斜纹斑点。后翅外缘有 8 个蓝黑色斑点，中部有一个较大的铜色斑点，胸部背面有 3 对近圆形的蓝黑色斑纹，腹部背面各节有 3 条纵纹，两侧各有 1 个圆斑。

②卵：椭圆形，长径约 1 mm，短径约 0.6 mm，未受精卵米黄色，受精卵粉红色。

③幼虫：赤褐色，体长 30～40 mm，前胸硬皮板基部有 1 黑褐色近长方形斑块，后缘有 2 横列黑色小齿，臀板及第 9 腹节基部黑褐色。

④蛹：为裸蛹，体长 19～24 mm，赤褐色，背面有锯齿状横带，尾部具有短臀刺。

（2）生活习性。

成虫白天隐藏在植株内部、叶片背面或枝条中下部，夜间活动，飞翔力强，具有较强的趋光性。成虫多在下午 4—8 时羽化，羽化后的成虫次日 1 时左右交尾，1～2 天后产卵，卵产于枝条中上部枝杈处或芽腋处，每次产卵量 5～25 粒。低龄幼虫有群集习性，长到 10 mm 后扩散为害。幼虫具有转移为害习性，老熟后在孔洞内吐丝缀合木屑堵塞两端，并向外咬一羽化孔，用环状间断的老皮盖住，作茧化蛹。

咖啡黑点蠹蛾一般一年发生 1 代，以幼虫在被害枝内越冬，越冬幼虫龄期不齐。翌年 5 月出现成虫，有趋光性，日伏夜出，卵产在伤口、粗皮裂缝处，卵期约 20 天。幼虫较活跃，有转移为害习性，先绕枝条环食，然后进入木质部蛀成孔道。由于地区不同及 11 月份的气温变化，该虫发育有异，以老熟幼虫或蛹在蛀道内越冬。

3. 防治方法

（1）加强管理，增强树势。平时应积极采取施肥、除草、防虫等综合措施，以改善青枣树生长环境，保护天敌，促使青枣树提前可郁闭成园，以提高其抗虫性能。

（2）人工防治。一年中应及时抓好青枣树发芽后至咖啡黑点蠹蛾羽化前（4月下旬至 5 月上旬）、幼虫孵化后至刚开始蛀入枣吊时（6 月 5 日至 6 月 20 日）、幼虫蛀入 2 年生枝前（7 月上旬）、枣果采收后至落叶前（8 月底至 9 月上旬）四个重点时期的剪除虫枝工作。据调查试验，四个不同时期的枯枝有虫率，最低的为 70.1％，最高的可达 91.7％。

（3）化学防治。由于咖啡黑点蠹蛾的幼虫孵化后不久便蛀入枣吊，后转入枝条，一直过着隐蔽生活，幼虫期暴露时间很短，故药剂防治难以达到理想效果。但从幼虫孵化到脱离枣吊这段时间（6 月上中旬），蛀道短浅，抗性差，是药剂防治的最佳时机，并且还可以结合防治枣黏虫。针对咖啡黑点蠹蛾可喷洒 1 次 50％敌百虫乳油 800 倍液或 50％甲胺磷乳油 1000 倍液或 25％杀虫双水剂 600 倍液，防治效果在 35％左右。喷洒时要仔细喷透，特别要喷洒树冠外围的枣吊。由于该虫蛀入枝条以后，植株的输导组织即被切断，内吸药剂无法上输，故树干部用打孔注射法无效。

（八）荔枝拟木蠹蛾

拟木蠹蛾［Arbela dea Swinhoe］，属于鳞翅目，拟木蠹蛾科。寄生于荔枝、石榴、梨、无患子、枫杨、芒果、橡胶、木麻黄及柳属植物等上，近些年在青枣园中也有发现。

1. 危害特征

早春主干更新修剪后，萌发的新芽易受拟木蠹蛾幼虫为害。幼虫在新芽基部新老皮层接合处咬食嫩芽皮层，啃食一周，并吐丝将虫粪和树皮屑缀合成隧道，覆盖住躯体，沿隧道啃食前端树皮。当幼虫稍大一点时，便钻蛀枝干木质部，造成树势衰退，生长不良，而且新主干遇风易从基部折断。因此，此虫害严重时，整片果园断倒率可达 30％，造成重大损失。

2. 形态特征及生活习性

（1）形态特征。

①成虫：雌虫体长 10～15 mm，翅展 20～37 mm，身体及前后翅均为灰白色。前翅具有很多灰褐色的横向斑纹，中部具有 1 个较大的黑色斑。雄虫体长 11～12.5 mm，翅展 23～27 mm，胸、腹部的基部黑褐色，前翅中部色较淡，有许多黑褐色的横向波纹，中部亦具有 1 个黑斑。前翅密布灰褐色的横向斑纹。头顶两侧各具有 1 个略呈分叉的粗大突起。

②卵：扁圆，乳白色，长 0.9～1.1 mm，宽约 0.7 mm。卵块鳞片状，外披黑色胶状物。

③幼虫：头部及体为黑色，体长 26～34 mm。

④蛹：长 14～17 mm，黑褐色。

（2）生活习性。

荔枝拟木蠹蛾一般在南方一年发生 1 代，以幼虫在坑道内越冬，3—4 月化蛹，4—5 月羽化，成虫寿命 2～9 天。卵盛产于 4 月下旬至 6 月上旬，卵多产在直径 12.5 cm 以上的枝干树皮内，卵期平均 16 天。初孵化幼虫经 2～4 小时扩散活动后，即在枝干分叉、伤口或皮层断裂处蛀害，吐丝缀连虫粪和枝干皮屑做成隧道,幼虫白天藏匿在隧道中,夜间沿隧道啃食树皮。老熟幼虫在坑道中化蛹,坑道口缀以薄丝,羽化时蛹体半露坑道外。幼虫历期 300 天左右,蛹期 28~48 天。

3. 防治方法

(1) 实行苗木检疫:在此虫发生危害的地区,调出苗木前,要严格检查,将带有虫瘿的叶片彻底摘除烧毁以防止害虫随苗木传入新区。

(2) 人工防治:在采果后和冬季清园前,把树冠内膛荫、弱、病虫枝叶剪掉;在各次梢期,坚持做好疏梢等工作,以减少虫源。

(3) 农业防治:加强果园栽培管理,合理施肥,促进各期新梢抽发整齐,恶化荔枝拟木蠹蛾产卵繁殖条件,做到合理修剪,注意排灌,以降低果园内空气和土壤的湿度,形成不利于荔枝拟木蠹蛾幼虫入土化蛹和成虫羽化出土的环境。

(4) 药剂防治:在有荔枝拟木蠹蛾为害较重的枣园,每年在越冬幼虫入土化蛹前(2 月下旬至 3 月初),成虫羽化出土时(3 月下旬至 4 月上旬),喷洒药剂触杀幼虫和成虫。每亩用 3% 甲基异柳磷颗粒剂 5 kg,或 2.5% 溴氰菊酯(敌杀死)乳油 100~150 mL,或 50% 辛硫磷乳油 0.5 kg 分别与 20 kg 细沙或泥粉拌匀后,均匀撒在树冠下及其四周表土上,并覆盖薄土或浅耕园土,使药浸入土壤内。此外,新梢抽发期,尤其是夏、秋梢期,选用 40% 水胺硫磷乳油 1000 倍液,或 2.5% 敌杀死乳油或 10% 灭百可乳油 2000 倍液,或 40% 乐斯本 1000~1500 倍液,或 40% 氧化乐果乳油 1000 倍液,或用这几种药剂的任一种分别加 90% 晶体敌百虫 1000 倍液混用,喷洒树冠 1~2 次。也可用棉花蘸 80% 敌敌畏乳油 100 倍堵塞洞口或灌注坑道。

(九) 桑毛虫

桑毛虫 [*Porthesia xanthocampa* (Dyar.)],别名桑毒蛾、黄尾白毒蛾,俗名毒毛虫、花毛虫、洋辣子等,属鳞翅目,毒蛾科。桑毛虫为杂食性害虫,为害苹果、梨、桃、杏、柿、桑、青枣等树木。

1. 危害特征

桑毛虫主要为害叶片。初孵幼虫群集在叶片背面取食叶肉,叶面出现成块透明斑;3 龄后将叶咬食成缺刻或孔洞,甚至食光或仅剩叶脉。该虫毒毛触及蚕体致蚕中毒,诱发黑斑病。幼虫体表有毒毛,人体接触毒毛时,常会引发皮炎,有的造成淋巴发炎。

2. 形态特征及生活习性

(1) 形态特征。

①成虫:长 12~18 mm,翅展 28~40 mm,全体白色,复眼黑色。雌蛾前翅后缘近臀角处有一黑褐色斑纹;雄蛾除此斑纹外,在内缘近基部还有一茶褐色斑。雌虫腹末具有较长的黄色毛丛;雄虫自第 3 腹节以后生有黄毛,近末端毛丛

短而少。触角双梳齿状，黄色。

②卵：直径 0.6~0.7 mm，灰黄色，扁圆形，卵块长条形，表面覆黄色体毛。

③幼虫：体长 26~40 mm，头黑褐色，体黄色，背线红色，亚背线、气门上线和气门线黑褐色，均断续不连；前胸背板上有 2 条黑色纵纹，各节上有很多红色、黑色毛瘤，其上长有灰白色、黄褐色或黑色长毛。1~2 腹节膨大，其背面各有 1 块黑色丛毛，6、7 腹节背中央各有 1 个橙红色小盘状突起的腺体。

④蛹：长 9~11.5 mm，棕褐色，体表上生黄色刚毛，臀刺较长，末端生一撮细刺。茧灰白色至土黄色，长椭圆形，表面附有毒毛。

（2）生活习性。

桑毛虫一年发生 2~5 代，以幼虫在枯叶、树杈、树干缝隙及落叶中结茧越冬。在翌年 3 月至 4 月，当日平均气温升至 10.5℃时，破茧为害幼芽和嫩叶。1、2、3 代幼虫危害的高峰期，应在 6 月中上旬、8 月中上旬和 9 月中上旬，10 月上旬前后开始结茧越冬。成虫白天潜伏在中下部叶背面，傍晚飞出活动、交尾、产卵，有趋光性，把卵产在叶背面，形成长条形卵块。成虫寿命 7~17 天。每一雌虫产卵 149~681 粒，卵期 4~7 天。幼虫蜕皮 5~7 次，历期 20~37 天。初孵化幼虫喜群集在叶背面啃食为害，3、4 龄后分散为害叶片，有假死性，老熟后多卷叶或在叶背面、树干缝隙和附近地面土缝中结茧化蛹，蛹期 7~12 天。

3. 防治方法

（1）人工防治：利用幼虫群集越冬习性，结合秋、冬养护管理，冬季果园刮净老树皮，剪掉锯口附近粗皮，消灭越冬幼虫。在发生危害的初期，及时摘除卵块，集中销毁；在孵化初期，幼虫群集危害未分散之前，摘掉虫叶，杀灭幼虫；利用幼虫假死性，在地上铺上薄膜，摇动树枝，收集并消灭掉落下来的幼虫。

（2）灯光诱杀：利用成虫的趋光性，在发生盛期用黑光灯诱杀。

（3）药剂防治：于低龄幼虫（包括刚出蛰越冬幼虫）发生数量多时，采用 10%氯氰菊酯乳油 2500~3000 倍液，或 30%双神乳油 2500~3000 倍液，或 20%杀灭菊酯 8000~10000 倍液，或 BT 乳剂 600 倍液，或灭幼脲 3 号悬浮剂 2000~2500 倍液喷洒。

（十）小绿叶蝉

小绿叶蝉［*Empoasca flavescens*（Fab.）］，又名桃小绿叶蝉、桃小浮尘子，属同翅目，叶蝉科。国内大部分省（市、区）均有分布，为害桃、杏、李、樱桃、梅、苹果、梨、葡萄等果树，以及禾本科、豆科等植物。

1. 危害特征

小绿叶蝉以成虫、若虫吸食芽、叶和枝梢的汁液，当寄主萌芽时，为害嫩叶、花萼和花瓣，在受害部位形成半透明斑点。叶片受害后，在被害初期的叶面上出现分散的失绿小黄白斑点，以后逐渐扩大成片，严重时全树叶苍白早落，在气温较高、水分供应不足的情况下，芽梢出现枯焦，生长受阻，质地变脆。

2. 形态特征及生活习性

（1）形态特征。

①成虫：体长 3.3～3.7 mm，淡黄绿至绿色。头顶中央有一条白纹，两侧各有一个不明显的黑点，复眼内侧和头部后也有白纹，并与前一白纹连成"山"形。前翅半透明，略呈革质，淡黄白色，后翅无色透明。雌成虫腹面草绿色，雄成虫腹面黄绿色。各足胫节端部以下淡青绿色，爪褐色；跗节 3 节；后足跳跃足。

②卵：长椭圆形，一端略尖，头端略大，初乳白色，后变浅黄绿色，后期出现一对红色眼点。长径约 0.8 mm，短径 0.15 mm，产于叶片背面主脉组织中。

③若虫：全体淡绿色，复眼紫黑色，除翅尚未形成外，其形状与成虫相似，体长 2.5～3.5 mm，无翅，五龄。

（2）生活习性。

在青枣产区，该虫一年发生 9～11 代，以成虫在常绿树叶中或杂草中越冬。翌年 3—4 月气温转暖时，成虫开始取食，补充营养，在寄主植物发芽后，开始产卵繁殖，世代重叠十分严重。一年内，可发生两个高峰期，第一个高峰期在 5 月下旬至 6 月中下旬、第二个高峰期在 10 月至 11 月上旬。成虫和若虫在雨天和晨露时不活动，若虫常栖息在嫩叶背面。若虫历期约 20 天，非越冬成虫寿命 30 天；完成一个世代 40～50 天。时晴时雨、杂草丛生的枣园有利于其发生。卵一般产在嫩梢或叶片主脉里。雌成虫产卵于叶背主脉内，以近基部为多，少数在叶柄内。雌成虫一生产卵 46～165 粒。若虫孵化后，喜群集于叶背面吸食为害，受惊时很快横行爬动。

3. 防治方法

（1）加强果园管理：秋冬季节，彻底清除落叶，铲除杂草，集中烧毁，消灭越冬成虫。

（2）加强测报，及时掌握虫情：小绿叶蝉进入高峰期的迟早与气温高低有密切关系。早春 3—4 月，日平均温度连续 10 天达到 10℃ 的日期来临早，第一高峰期出现早；第二高峰期的早晚和 7 月份日平均温度高于 29℃ 的天数密切相关。因此，可根据当地气温情况掌握虫情，组织防治。

（3）栽培管理：合理施肥，及时中耕除草，增强树势，提高果树对小绿叶蝉等虫害的抵抗能力。

（4）喷洒农药：成虫在枣树上迁飞时，以及各代若虫孵化盛期应及时喷洒40％乐果乳油或80％敌敌畏乳油 1500～2000 倍液，25％扑虱灵可湿性粉剂 1000 倍液，2.5％天王星乳油 1500～2000 倍液，20％氰戊菊酯乳油 6000～8000 倍液。

安全间隔期相应为 10 天、6 天、6 天和 10 天。该虫趋嫩性强，喷药时应注意喷洒在蓬面和芽梢的正面和反面。在喷药前除草可减少该虫的躲避场所，提高防治效果。

（十一）青枣叶蝉

青枣叶蝉［*Ouadria parkistanica*（Ashmead）］，属于同翅目，叶蝉科。在台湾，寄主作物目前只发现青枣 1 种。

1. 危害特征

青枣叶蝉主要为害叶片，以成虫和若虫于叶片背面刺吸汁液，初期在叶面上产生黄色斑点，严重时会使叶片枯萎。同时还分泌蜜露，诱发煤烟病，影响光合作用，引致落叶、落果，影响树势和产量。

2. 形态特征及生活习性

青枣叶蝉体小，很像为害一般作物的小绿叶蝉，但其躯体呈黄色，翅上有许多斑点。在台湾，寄主作物目前只发现青枣 1 种。青枣叶蝉除 3 月主干更新枝叶时其数量较少外，终年可见其危害。7 月后青枣叶蝉数量逐步增加，到 9 月达到高峰期，以后随着气温的下降，其数量逐渐减少。

3. 防治方法

（1）栽培管理及果园卫生：越冬休眠期清除落叶及杂草，减少越冬虫口基数。对越冬卵量较大的果树，特别是幼树，宜用小木棍将产于树干上的卵块压死，在成虫期用灯光诱杀或用蘸有黏水或稀胶的纱布网在树杈间进行网捕。合理施肥，及时中耕除草，增强树势，提高果树对青枣叶蝉等虫害的抵抗能力。

（2）化学防治：在若虫和成虫发生高峰期，可选用 50％马拉硫磷 1000～1500 倍液，或 40％乐果乳油 1000 倍液，或 20％叶蝉散乳油 800～1000 倍液，或 25％速灭威可湿性粉剂 600～800 倍液，或 10％灭百可乳油 2000～3000 倍液，或 20％速灭杀丁乳油 2000～3000 倍液等药剂进行喷洒。一般每隔 10 天左右喷 1 次，连续 2 次，以后视具体情况再决定喷药与否。

（十二）白斑星天牛

白斑星天牛［*Anoplophora maculata*（Thomson）］，属鞘翅目，天牛科。

1. 危害特征

白斑星天牛是以卵孵化后幼虫随即侵入青枣树皮来为害枣树的。幼虫在树皮内蛀食韧皮部时，被为害的树皮虽已枯死，但在外观上难以判断，只有侵入木质部，排出木屑后，才可判断其危害。

2. 形态特征及生活习性

（1）形态特征。

①成虫：背部有光泽，足与鞘翅均有星状的白色斑点。前胸背部极具光泽，两侧有突出的角。鞘翅基部有细瘤，中间凹陷，两边隆起。颜面、足及虫体腹面

有灰色毛。头部向下垂直。触角长于体长，每节基部白色。

②卵：椭圆形，初产时乳白色，后转为黄褐色，大小如米粒。

③幼虫：老熟幼虫乳白色，前胸最大，背、侧腹面有黄褐色斑纹，背面斑纹呈凸字形，胸足退化。

④蛹：乳白色，头、触角、口器及足等均可自由活动。羽化后，在树皮内静止一段时间后，咬圆孔外出。

（2）生活习性。

幼虫期 10 个月，在蛀食隧道内越冬，来春化蛹。成虫平时栖息于枝叶上，咬食嫩枝表皮及叶片，致使嫩枝枯死。成虫在根部附近产卵，以口器咬破树皮呈"T"形裂缝，伸入产卵管产卵。幼虫孵出后于皮层内蛀食，形成马蹄状隧道，并向外穿凿小孔排粪。幼虫继续蛀食木质部，造成枝条干枯或被风吹折。一年发生 1 代，成虫寿命约 1 个月。成虫多出现于 4—9 月，以 5—7 月最多。此时，正值青枣主干更新不久，大部分主干暴露，易引来白斑星天牛产卵。成虫产卵于树干的较低部位，树干较粗大的，产卵部位上移，每缝产卵 1 粒。

3. 防治方法

（1）人工捕捉成虫：针对其成虫晴天多在枝梢和枝叶稠密处，傍晚在树干根颈部活动和产卵的习性，进行人工扑杀成虫。幼虫初发期，注意及时检查白斑星天牛的虫孔虫粪，消灭幼虫于皮下初期危害阶段，亦可利用白斑星天牛在树头皮下蛀食时期较长的特点，在幼虫仍在根颈部皮层下蛀食或蛀入木质部不深时，及时用锋利的钩针挑出和消灭幼虫。夏至前后，及时用利刀削除虫卵。

（2）包扎阻隔产卵：利用包装用的编织袋，洗净后裁成宽 20～30 cm 的长条，在白斑星天牛产卵前，将树上产卵的部位紧密缠绕 2～3 圈、扎紧，白斑星天牛只能将卵产在编织袋上，使其卵因失水而死亡。

（3）加强果园管理：保持树干光滑，减少成虫产卵，树冠通风。

（4）化学药剂防治：用棉花蘸 80%敌敌畏乳油或 40%乐果乳油 5～10 倍液，塞入蛀孔内；或用注射器进行虫孔灌药，再用湿泥土封口，以毒杀幼虫；或用 1/8～1/6 片磷化铝塞入虫孔，再用湿泥土封口。

（十三）小绿象甲

小绿象甲（*Platymycteropsis mandarinus* Fairmaire），又名小粉绿象甲，属鞘翅目，象甲科。该害虫除为害青枣外，还为害龙眼、荔枝、芒果等。

1. 危害特征

在青枣种植区均有分布，以成虫咬食新梢、嫩叶、花和幼果，被咬叶片呈支离破碎状，幼果表面凹陷、脱落或留下疤痕而影响果实外观。

2. 形态特征及生活习性

（1）形态特征。小绿象甲体长 5～9 mm，宽 1.8～3.1 mm，呈椭圆形，体表被淡绿色或黄褐发绿的鳞片所覆盖。头喙刻点小，喙短，中间和两侧有细隆线，端部较宽。触角红褐色，柄节细长而弯，超过前胸前缘，鞭节头 2 节细长，棒节颇尖。前胸梯形，略窄于鞘翅基部，中叶三角形，端部较钝，小盾片很小。鞘翅卵形，背面密布细而短的白毛，每鞘翅上各有由 10 条刻点组成的纵行沟纹，触角细长，9 节，柄节最长。足红褐色，两鞘前足比中、后足粗长，腿节膨大粗壮，有很小的齿；各足的跗节均由 4 节组成。

（2）生活习性。小绿象甲一般每年繁殖两代，以幼虫在土中越冬。第一代成虫于 4 月底至 5 月初出土活动，5 月底至 6 月初为发生盛期。第二代成虫于 7 月下旬出现，8 月中旬至 9 月下旬为发生盛期。危害初期，一般先在果园的边缘开始发生，常数十头至数百头以上群集在同一植株上取食为害。成虫有假死习性，振动受惊时立即掉落地面。

3. 防治方法

（1）农业防治：在初春结合翻松果园土壤，杀死部分越冬幼虫。选用抗虫害品种，培育壮苗，增强果树抗虫害能力。

（2）人工防治：对新开种的果园采用树干涂胶的方法，防止成虫上树，即在成虫开始上树时期，用胶环包扎树干，每天将粘在胶环上或胶环下的成虫杀死。粘胶的配制：蓖麻油 40 份，松香 60 份，黄蜡 2 份。先将油加温至 120℃，然后慢慢加松香粉，边加边搅拌，再加入黄蜡，并搅拌至完全溶化，冷却后使用。此外，也可利用此类害虫所具有的群集性、假死性以及先在果园边的局部发生等习性，在成虫大量出现时期，于上午 10 时前和下午 5 时后，在枣树下铺上塑料薄膜，振动树枝，把坠落的成虫收集起来杀死，连续两次可基本上消除危害。

（3）药剂防治：在成虫发生盛期，于傍晚在树干周围地面喷洒 50％辛硫磷乳油 300 倍液，或 40％乙酰甲胺磷乳油，或 50％马拉硫磷乳油，或 40％乐果乳油 1000 倍液，每株成树用药 15～20 g。喷药后耙匀土表或覆土，毒杀羽化出土的成虫。此外，在成虫发生期也可以采用树上喷药的方法，即向枣树喷洒 48％毒死蜱 1000 倍液，或 2％阿维菌素 2000 倍液，或 20％速灭杀丁乳油 1000～1500 倍稀释液，或 90％敌百虫晶体 800～1000 倍稀释液加 0.2％洗衣粉，或其他菊酯类杀虫剂。

（十四）柑橘灰象甲

柑橘灰象甲［*Sympiezomia citre*（Chao）］，又称灰磷象甲、泥翅象鼻虫，属鞘翅目，象甲科。该害虫除为害青枣外，还为害柑橘类、芒果、荔枝、龙眼、桃、李、无花果、大豆等多种作物，属于杂食性害虫。

1. 危害特征

柑橘灰象甲以成虫为害叶片及幼果，成虫咬食果树新梢、嫩叶、花和幼果。老叶受害常造成缺刻，嫩叶受害严重时吃得精光，呈网状干枯；嫩梢被啃食成凹沟，严重时萎蔫枯死；幼果受害呈不整齐的凹陷或留下疤痕，重者造成落果。

2. 形态特征及生活习性

（1）形态特征。

①成虫：体密被淡褐色和灰白色鳞片。头管粗短，背面漆黑色，中央纵列一条凹沟，从喙端直伸头顶，其两侧各有一浅沟，伸至复眼前面，前胸长略大于宽，两侧近弧形。背面密布不规则瘤状突起，中央纵贯宽大的漆黑色斑纹，斑纹中央有一条细纵沟。每鞘翅上各有 10 条由刻点组成的纵行纹，行间有倒伏的短毛，鞘翅中部横列一条灰白色斑纹，鞘翅基部灰白色。雌成虫鞘翅端部较长，合成近"V"形，腹部末节腹板近三角形；雄成虫两鞘翅末端钝圆，合成近"U"形，腹部末节腹板近半圆形，无后翅。

②卵：长筒形而略扁，乳白色，后变为紫灰色。

③幼虫：末龄幼虫体为乳白色或淡黄色。头部黄褐色，头盖缝中间明显凹陷。背面中间部分略呈心脏形，有刚毛 3 对，两侧部分各生 1 根刚毛，于腹面两侧骨化部分之间，位于肛门腹上方的一块较小，近圆形，其后缘有刚毛 4 根。

④蛹：淡黄色头管弯向胸前，上额似大钳状，前胸背板隆起，中脚后缘微凹。背面有 6 对短小毛突，腹部背面各节横列 6 对刚毛，腹末有黑褐色刺 1 对。

（2）生活习性。

柑橘灰象甲一年发生两代，以成虫和幼虫越冬。3 月底可见成虫活动，出土后首先爬向果园内阔叶杂草上取食嫩叶以补充营养，待枣树嫩梢抽出后，便从杂草上不断地转移至枣树，沿树干爬到树冠上取食嫩叶、嫩梢、花、幼果。4—8 月均见危害，以 4 月中旬至 5 月初危害较重。5 月为产卵盛期。5 月中下旬为卵孵化盛期，孵化后的幼虫从叶上掉落到地面，随即钻入 10～15 cm 深的土层中，取食植物根部的腐殖质等。成虫有假死性，受惊即坠地。

3. 防治方法

（1）农业防治：在初春结合翻松果园土壤，杀死部分越冬幼虫；冬季结合施肥，将树冠下土层深翻 15 cm，破坏土室。

（2）人工防治：对新开种的果园采用树干涂胶的方法，防止成虫上树。粘胶的配制同小绿象甲。成虫上树后，利用其假死性震摇树枝，使其跌落在树下铺的塑料布上，然后集中销毁。

（3）药剂防治：3 月底至 4 月初成虫出土时，在地面喷洒 50％辛硫磷乳油 200 倍液，使在土表上爬行的成虫触杀死亡。在春、夏梢抽发期，成虫上树为害时，喷洒 2.5％敌杀死乳油 1500 倍液。

（十五）枣黏虫

枣黏虫［Ancylis sativa（Liu）］，又名包叶虫、枣实蛾，属鳞翅目，小卷叶蛾科。枣黏虫食性单一，只为害枣树，是枣树的重要害虫之一，可导致其严重减产。

1. 危害特征

枣黏虫以小幼虫为害幼芽、叶、花、果。为害叶片时，常向枣吊或叶片吐丝将其缀在一起缠卷成团和小包，或用丝把几片叶子连在一起，藏身于其中并在内取食，将叶片吃成缺刻和孔洞；为害花时，咬断花柄，食害花蕾，使花变黑、枯萎；为害果时，幼果被啃食成坑坑洼洼状，被害果发红脱落或与枝叶黏在一起不脱落。

2. 形态特征及生活习性

（1）形态特征。

①成虫：体长 5～7 mm，翅展 13～15 mm，体为黄褐色或灰色，触角丝状、褐黄色。前翅褐黄色，窄长，顶角尖出，前缘有黑色短斜纹十余条，翅中部有两条褐色纵线纹，翅顶角突出并向下呈镰刀状弯曲，后翅暗灰色，缘毛较长。足黄色，跗节有黑褐色环纹。

②卵：长约 0.5 mm，扁椭圆形，初产时白色、透明且有光泽，最后变成橘红色至棕红色，散产时表面有网状纹。

③幼虫：幼虫共 5 龄。初孵化时长 1.5 mm，头部黑褐色，胴体黄白色，取食后渐变淡绿色或黄绿色，老熟幼虫体长约 13 mm，头部红褐色或褐色，并有黑褐色花斑，前胸盾片和臀片为褐色并有黑褐色花斑，胸、腹部黄色，前胸背板分成两片，臀板为褐色，有黑褐色斑点。腹部末节背面有"山"字形红色斑纹。趾钩呈双序环，胸足 3 对，褐色，腹足 4 对，颜色较浅，尾足 1 对，近白色。

④蛹：长约 7 mm，呈纺锤形。初期绿色，后变为黄褐色，羽化前变为暗褐色。腹部各节前后缘各有一列锯齿状刺突，前面一排粗大，后面一排细小，达气门线。臀体 8 根，各节有两排横列刺突。蛹体外被白色薄茧。

（2）生活习性。

枣黏虫以蛹在枝干皮缝内过冬，一年发生 4～5 代。一般在 3 月中上旬越冬蛹开始羽化为成虫，4 月上旬为羽化盛期并开始产卵，卵期约 15 天，4—5 月间出现第一代幼虫。此时正值枣树展叶期，幼虫集中为害幼芽和嫩叶，吐丝将嫩叶黏合在一起供其居内，白天潜伏，夜间出来活动。幼虫非常活跃，能吐丝下垂，随风飘迁。一头幼虫 4～5 天食坏一片叶，每头幼虫一生为害 6～8 片叶。大量黏叶在 5 月中下旬，幼虫老熟后即在卷叶内化蛹，5 月下旬至 6 月下旬出现第一代成虫。老熟幼虫在叶包内、树皮裂缝内结成白色茧化蛹，有吐丝下垂转移为害的习性。每一雌成虫产卵约 60 粒，多者 130 多粒，卵期约 13 天。成虫日伏夜出，有趋光性。第二代幼虫发生期在 6 月中旬至 7 月间，此时正值开花期，幼虫为害叶片、花蕾和幼果。第三代幼虫发生期在 8—9 月间，此时正值枣果着色期，幼虫为害叶片和果实。第四代幼虫发生在 10 月下旬至 12 月中旬。翌年 1 月上旬开始以老熟幼虫进入越冬场所作茧化蛹。此外，若遇干旱年份，则危害会更严重。

3. 防治方法

（1）农业防治：结合冬耕和施肥，在树干周围 1 m 范围内，将树冠下土层深翻 15 cm，翻刨土层，破坏土室，挖出越冬蛹。

（2）人工防治：成虫上树后，利用其假死性震摇树枝，使其跌落在树下铺的塑料布上，然后集中销毁。此外，也可以在树干基部附近 20 cm 处缠绕塑料薄膜，以阻止无翅雌蛾上树交尾和产卵，迫使其集中在"膜带"下的树皮缝内产卵，然后定期撬开粗树皮，刮除虫卵；或在树干基部放 2～3 捆稻（麦）草，以诱集雌蛾产卵，每周换草 1 次并烧毁。

（3）药剂防治：3 月底至 4 月初成虫出土时，在地面喷洒 50％辛硫磷乳油 200 倍液，使在土表上爬行的成虫触杀死亡。在春、夏梢抽发期，成虫上树为害时，用 2.5％敌杀死乳油 1500 倍液均匀喷洒。在幼虫 3 龄前，在树冠上均匀喷洒 25％灭幼脲 3 号悬浮剂 1500～2000 倍液，或 2.5％功夫乳油 3000～4000 倍液等，均可取得很好的防治效果。

（十六）棉铃虫

棉铃虫 [*Helicoverpa armigera* (Hubner)]，又称钻心虫，属于鳞翅目，夜蛾科。棉铃虫为杂食性害虫，可以寄生在棉花、玉米、豌豆、芝麻、烟草、番茄、茄子、辣椒、马铃薯、甘蓝、南瓜、苹果、青枣等 200 多种植物上。

1. 危害特征

棉铃虫为害幼芽、叶，并蛀食果实。前期以幼虫啃食嫩梢和叶片，果实膨大后蛀入青果内为害，造成孔洞。

2. 形态特征及生活习性

（1）形态特征。

①成虫：灰褐色中型蛾，体长 15～20 mm，翅展 31～40 mm，复眼呈球形，绿色。雌蛾赤褐色至灰褐色，雄蛾青灰色。棉铃虫的前后翅，可作为夜蛾科成虫的模式。前翅颜色变化较大，中横线由肾状纹下斜伸至翅后缘，末端达环状纹的正下方，外横线斜向后伸达肾状纹正下方，外横线外有深灰色宽带，带上有 7 个小白点，环纹暗褐色。后翅灰白色，沿外缘有黑褐色宽带，宽带中央有 2 个相连的白斑，后翅前缘有 1 个月牙形褐色斑。

②卵：呈半球形，高 0.52 mm，乳白色，顶部微隆起；表面布满纵横纹，纵纹从顶部看有 12 条，中部 2 条纵纹之间夹有 1～2 条短纹且多 2～3 岔，从中部看有 26～29 条直达卵底部的纵隆起的网状花纹。

③幼虫：共有 6 龄，有时 5 龄。老熟 6 龄虫长约 40～50 mm，头黄褐色并有不明显的斑纹，腹部体表布满褐色和灰色的尖刺，底座较大；腹面有黑色或黑褐色小刺。幼虫体色多变，分为 4 个类型：a. 体色淡红，背线、亚背线褐色，气

门线白色，毛突黑色。b. 体色黄白，背线，亚背线淡绿色，气门线白色，毛突与体色相同。c. 体色淡绿，背线，亚背线不明显，气门线白色，毛突线绿色。d. 体色深褐，背线，亚背线不太明显，气门线黄色，上方有一褐色纵带，是由尖锐微刺排列而成。幼虫腹部第1、2、5节各有2个毛突，特别明显。

④蛹：长17~21 mm，呈纺锤形，赤褐色至黑褐色，腹末有1对臀刺，刺的基部分开。气门较大，围孔片呈筒状突起较高，腹部第5~7节的背面和腹面密布半圆形刻点。

（2）生活习性。

棉铃虫在我国青枣主产区一年可发生6代。成虫白天隐藏在叶背面等处，黄昏开始活动，有趋光性，集中在开花植物上吸食花蜜。雌蛾将卵散产在嫩叶、嫩梢、果等处，每一雌蛾一般产卵900多粒，最多可达5000余粒。初孵化的幼虫取食嫩叶和小花蕾，被害部分残留表皮，形成小凹点；2~3龄幼虫吐丝下垂分散为害花蕾，或蛀果为害果实，其蛀孔较大，外面常有粪便。老熟幼虫入土内10 cm左右处筑土室化蛹。

3. 防治方法

（1）消灭越冬虫源：结合果实收获后，于开春除草及果园中耕，可以使果园内大多数越冬蛹死亡。

（2）诱杀成虫：以诱杀成虫为主，可采用黑光灯或频振式电子杀虫灯或草把诱蛾捕杀，减少产卵数量。

（3）人工捕杀幼虫：幼虫刚孵化时集中在嫩梢为害，结合管理措施，人工捕杀。

（4）药剂防治：在幼虫孵化盛期，幼虫尚未钻入果实时是最佳喷药时期，可选用2.5％天王星乳油2500倍液，或1.8％阿维菌素和40％雷丹1000倍液，或4.5％金氯和50％杀螟松乳油1000倍液等药剂喷洒。

第九章　青枣缺素症与冻害及其防治技术

一、缺素症

青枣缺素症属于非侵染性病害，以缺镁、缺硼最为常见。几乎所有的枣园均会出现此症状，特别是三年以上的老枣园更为突出，严重时将影响青枣产量及品质。青枣生长发育的各个阶段都需要从外界吸收碳（C）、氢（H）、氧（O）、氮（N）、磷（P）、钾（K）、钙（Ca）、镁（Mg）、硫（S）、铁（Fe）、铜（Cu）、锌（Zn）、锰（Mn）、硼（B）、钼（Mo）、氯（Cl）等16种营养元素。C、H、O营养元素主要由空气和水提供，而其他营养元素则由土壤和人为施肥提供。营养元素过多或不足都会对青枣的生长发育产生不良影响。部分元素是以游离状态存在于植物体内，对植物的生命活动起调节作用。有的元素既是细胞结构物质的组成部分，又可以起调节作用。缺素症是青枣常出现的症状。青枣生长速度极快，消耗土壤养分多，若养分补充不及时则容易出现缺素症；并且青枣结果量多，每年进行回缩修剪后储存的养分尤其是微量元素大多被果实及枝叶带走，因而容易出现缺素症。

（一）缺镁

青枣对镁特别敏感，缺镁症在所有果园普遍发生。镁是叶绿素的主要组成成分，是叶绿素分子中唯一的金属元素。叶绿素是植物光合作用的核心，植物缺镁，叶绿素含量下降，光合作用减弱，碳水化食物、蛋白质、脂肪的合成受阻。镁还在磷酸代谢、氮素代谢和碳素代谢中能活化多种激酶，起到活化剂的作用。镁是聚核糖体的必要成分，适量的镁能稳定核糖体的结构，而核糖体是蛋白质合成所必需的基本单元，缺镁能抑制蛋白质的合成。此外，镁还能促进维生素A、维生素C的形成，从而提高果实的品质。

1. 症状

目前栽培的许多青枣优良品种常出现缺镁症状，如高朗1号。在青枣植株缺镁时，其中下部叶片的症状明显，叶肉部分出现黄色、绿色或黄绿相间的病斑，但主脉及叶缘部分仍是绿色（严重者全叶黄化），致使病斑黄色的部分呈"八"字形，直达叶尖端，病健交界不清，近叶柄处较叶尖端处症状轻。缺镁的植株，首先在老叶脉间出现黄化现象，之后逐渐扩大至全叶。叶脉虽保持绿色，但叶片却失去了光合作用的能力，影响着植株的发育和果实的膨大。严重时，导致老叶黄化脱落，果实不能正常成熟，从而造成果实产量和品质的下降。

2. 发生原因

青枣植株缺镁主要是由于土壤交换镁供给不足所致，而高浓度的 K^+、Ca^{2+} 及 NH_4^+ 对镁有拮抗作用，也会抑制植株对镁的吸收。因此，施用钾肥量大的果园，青枣植株往往会表现出缺镁症。酸性土壤，尤其是 pH 值在 5.5 以下的土壤和沙质土壤易发生缺镁症。当土壤交换镁为 300 mg/kg，而叶片含镁量为 0.22％时，植株表现出严重缺镁。结果多的植株及多年生的老树干长出的枝条缺镁比结果量适中的、新植果园的植株严重，比正常植株的镁含量分别降低 41.5％ 和 35.3％。结果较多的植株，叶片缺镁症状更为明显。另外，当施钾肥或磷肥过量时也常会造成缺镁症。

3. 防治措施

依据对土壤和叶片中镁含量的分析结果，当土壤交换镁为 513 mg/kg 和叶片的镁含量为 0.34％时，植株无缺镁症状。因此，对镁的施用量应依据测土施肥，提高镁肥效益，科学合理施肥，及时适量追加镁肥，在酸性土壤中施加碱性镁肥，也可用氯化镁 300～500 倍液进行叶面喷施，但要注意氮、钾、镁肥的平衡，钾肥的施用不可过量。在 4 月份施基肥的同时，应在树周围开挖 40～50 cm 深的环沟，每株树施入钙镁磷肥 0.5～1.0 kg 或氧化镁 100 g；在 6—7 月份开花期，叶面喷施 0.5％～2％硫酸镁，每隔 7～10 天喷施 1 次，共喷施 3～4 次，可使病树得到恢复。严重缺镁的果园，每年对每亩园地施用硫酸镁 15～30 kg，并注意增施有机肥和绿肥。

（二）缺硼

缺硼症在部分果园发生极其严重，甚至有的果园几乎不能生产出具有商品价值的果实。硼参与植物体内糖的运输与代谢，促进生殖器官的形成与发育、D－半乳糖的形成和 L－阿拉伯糖转入到花粉管薄膜果胶部分的数量，促进花粉萌发，有利于花粉管的生长。缺硼时，碳水化合物代谢发生混乱，减少糖类向生长点的运输量，阻碍细胞伸长和分裂，引起生长点死亡。

1. 症状

青枣植株缺硼症多发生于新梢迅速生长期、幼果期及果实膨大期。发病初期时，顶芽停止生长，幼龄叶片皱缩，植株顶端停止生长，生长点部分出现扭曲、膨大，上部枝条丛生且叶片卷曲、畸形。发病末期时，顶梢凋萎甚至枯死，顶叶叶脉黄白色，叶片下垂、脱落，枯死部位下方长出许多侧枝且新生叶畸形，落花落果，"花而不实"，根系生长不良。发生缺硼症的青枣植株，其果实畸形，尾尖或有小刺瘤，极不规则，凸凹不平；果实表面生咖啡色、较硬的颗粒，小的约

0.1 cm，大的达 0.5 cm，颗粒不规则，突起，少则几十个，多则达数百个，乃至布满整个果面；果实变小，有时仅为正常果实的 1/5 大小，裂果，易落果。切开病果，可见果肉上有淡褐色小点，特别是近果表层褐色小点分布更密集。有的果实核与果肉之间的间隙较大，易出现核肉分离现象；有的果实呈双籽粒的花生状，中部缢缩，下部略尖，果皮有棱状突起，但突起不规则；有的果实核发育不完全，退化成核的痕迹，果实中心形成空腔。

2. 发生原因

青枣植株缺硼主要是由于果园土壤缺硼所致，在土壤贫瘠的山地果园和河滩沙地果园土壤中的硼与盐类易流失，而在石灰质较多的土壤中硼易被钙固定。另外，钾、氮过多时也会造成缺硼症。随着果园种植年限的延长，青枣植株发生缺硼症会越发严重。在土壤贫瘠的山地果园，有效硼较低；河滩沙地果园，土壤水分过多，土壤中的水溶性硼易流失，有效硼也较低；石灰质较多的土壤中，硼易被钙固定，或钙、钾、氮过多时，青枣植株对硼的需求也增加，易造成青枣植株缺硼症的发生。另外，土壤干旱，硼不溶解，亦会加剧缺硼症的发生。当土壤中有效硼含量在 0.1 mg/kg 或树体内的硼含量在 2 mg/kg 以下时，即可能出现缺硼症。

3. 防治措施

当土壤中有效硼含量达 0.40 mg/kg 以及叶片中硼含量达 21.89 mg/kg 时，植株生长健壮。如果土壤及植株叶片中硼含量较低时，则应进行人工增施硼肥。对土壤施用硼肥时，应在定植前或果实采收后，结合施基肥每株用硼砂 20～30 g（用量根据土壤有效硼含量而增减）与其他肥料均匀混合施用。每次施肥后，若遇土壤干旱时，则要及时浇水，以保持土壤湿润状态。严重缺硼的土壤可适当多施，施用硼砂后应及时灌水。在初花期至果实膨大期，用 0.2%～0.3%硼砂液进行叶面喷施，每隔 15～20 天喷施 1 次，共喷施 2～3 次。在壮果期，每两周喷施 0.2%磷酸二氢钾、0.2%硫酸锌和 0.2%硼砂混合溶液 1 次，能明显减轻缺硼症，提高果重和品质。果实采收后，结合施基肥每株用 20～50 mg 硼砂与肥料均匀混合施用。土壤增施有机肥和绿肥，改良土壤，对瘠薄地进行深翻改地，也可有效防止缺硼。

（三）缺铁

青枣缺铁症在实际生产中并不常见，偶见于碱性或石灰性土壤的果园中。铁位于一些重要的氧化－还原酶的活性中心，在硝态氮还原成铵态氮的过程中及叶绿素的形成过程中起着促进作用。缺铁较轻时，叶绿素的形成受到影响，叶片发生失绿现象；缺铁严重时，叶片变成灰白色，尤其是新生叶片更易出现这类失绿病症，进而影响到光合作用和碳水化合物的形成。

1. 症状

由于铁在植物组织中属于不易移动元素，新叶和嫩梢是最先发病的部位。发病初期或发病较轻时，叶脉仍保持绿色，侧脉间叶肉失绿，表现为失绿状黄化斑块，新叶为柠檬黄色，色泽均匀。发病末期时，叶片失绿黄化，黄化叶数增多，但对植株生长影响不明显，只是在夏秋季节（5—10月）的生长期发病较重。发病特别严重时，全叶变为黄白色，果实变小，风味淡，品质差，患病植株光合生产率低，早衰明显。

2. 发生原因

青枣植株缺铁原因主要有两点：一是土壤中有效铁（Fe）供给不足；二是离子不平衡。碱性或石灰性土壤比酸性土壤缺铁症明显。当施氮肥偏多或土壤中存在锌、锰、镍、钴、铬、钙及重碳酸盐离子浓度偏高时，易出现铁元素的缺乏。酸性土壤中锰积累过量，当锰铁比值在2以上时，会诱发缺铁症。

3. 防治措施

首先，要严格控制结果量。在易发生缺铁的区域，要注意疏花、疏果，控制果实负载量。一般1年生单株产量控制在8~10 kg，2年生单株产量控制在10~15 kg为宜。其次，合理灌水，改善土壤酸碱度，适当增施石灰，重施有机肥。尽量避免地面大水漫灌和用含高碳酸离子的水灌溉，应采用塑料管淋水为主，有条件的地方，可采用滴灌。再次，追施硫酸亚铁。每年采收果实后，沿果树四周开挖深40~50 cm的土穴，深度以不伤及根系为度。每株用3~5 kg经粉碎的硫酸亚铁与农家肥混合施入土穴中，然后及时浇水。此外，也可以叶面喷施铁盐。当枝梢顶端始见症状时，及时喷施0.5%尿素加0.3%硫酸亚铁溶液，每隔8~10天喷施1次，共喷施3次。如果缺铁特别严重，则可以先喷施1次黄腐酸二胺铁200倍液，待叶片开始转绿时，再喷施2次上述浓度的尿素和硫酸亚铁盐溶液。

（四）缺钾

钾是植物营养中不可缺少的大量元素之一，与氮、磷不同，钾不形成植物细胞内任何分子中的稳定部分，而是以钾离子（K^+）的形态存在于细胞内，是维持细胞质电荷平衡的重要元素。钾能促进碳水化合物和蛋白质的转化，提高光合作用的能力。它是多种酶的活化剂，活化的种类主要有合成酶、氧化酶、转移酶等。

1. 症状

青枣是需钾量较多的果树。植株缺钾时，初期表现为老叶顶端和叶缘开始产生黄化现象，并逐渐扩展到叶基，但主脉仍维持绿色；末期叶缘变枯、坏死。

2. 发生原因

青枣植株缺钾主要是由于土壤速效钾（K）供给不足（或速效K含量小于50 mg/kg）所致。一般讲，质地黏重的土壤供钾能力较强，沙土则易出现缺钾

现象。就代换性钾而言，酸性土壤和盐基饱和度低的土壤，速效钾含量低；而中性及碱性土壤，盐基饱和度高，速效钾含量一般较高。一方面，土壤过于干旱会影响速效钾向植物根部的移动，植株易表现出缺钾；另一方面，土壤水分过多时，水溶性钾淋失，通气条件变差，影响根系对钾的吸收，也易出现缺钾现象。只注重氮磷肥施用，而不施用钾肥或钾肥施用量不够，也是导致青枣植株缺钾的重要原因。

3. 防治措施

可采用测土定量施肥，在定植前检测土壤速效钾及其他营养元素的含量，根据土壤钾含量，确定施钾量。在施用钾肥时，特别要注意氮磷钾平衡。对于定植后的果园，要注意施肥后保持土壤湿润状态，增加钾离子在土壤中的移动性，提高植株吸收钾离子的数量。在每年植株生长期间，追施如草木灰、硫酸钾、氯化钾、硝酸钾等钾肥，也可采用叶面喷施 0.2%磷酸二氢钾来补充钾元素养分。

（五）缺锰

在种植多年的青枣果园里，锰缺乏很常见。锰是许多酶的辅基，参与氧化还原反应，是青枣不可缺少的重要元素，它能促进植物叶绿素合成和光合作用，促进幼苗早期的生长，促进花粉发芽、花粉管伸长及果实膨大等。缺锰对植物的生长发育影响较大。

1. 症状

锰是不易再利用的元素，故缺锰症状多在嫩枝、幼叶上出现，多在新梢迅速生长期、幼果期发生。当发生的新梢在迅速生长期和幼果期遇到冷害时，缺锰症表现更为严重。缺锰时，部分叶肉褪绿变黄，呈轻微斑驳状，脉间组织部分向上略隆起，致使叶片不平；叶片沿下部边缘向下卷曲，生长缓慢，变小，无生机。

2. 发生原因

青枣植株缺锰主要是由于土壤有效锰供给不足所致，在中性和碱性土壤中种植青枣易发生缺锰症。当土壤中有效锰含量在 11.10 mg/kg，而叶片中锰含量为 37.48 mg/kg 时，植株会出现严重缺锰。根据相关研究表明，在锰缺乏的青枣园，其土壤中有效锰含量仅为植株正常果园的 30%，叶片中锰含量只有正常叶片的 17%。

3. 防治措施

在定植前或果实采收后，结合施基肥，每株用硫酸锰 30~50 g（用量根据土壤中有效锰含量而增减）与其他肥料均匀混合施用。施肥后，若遇干旱无雨天气，则应及时浇水保持土壤湿润。在新梢生长期至初花期，采用 0.2%~0.3%硫酸锰液叶面喷施，每隔 10~15 天喷施 1 次。

（六）缺钙

钙是细胞壁和胞间层的组成部分。钙对碳水化合物和蛋白质的合成过程，以及植物体内生理活动的平衡等起着重要作用，能促进原生质胶体凝聚，降低水合度，使原生质黏性增大，增强植株的抗旱、抗热能力。缺钙时，果树根系生长受到显著抑制，根短而多，灰黄色，细胞壁黏化，根延长部细胞遭受破坏，以至局部腐烂；幼叶尖端变钩形，深浓绿色，新生叶很快枯死；花朵萎缩；核果类果树易得流胶病和根癌病。钙在树体中不易流动，老叶含钙比幼叶多。有时，叶片虽不缺钙，但果实已表现出缺钙。苹果苦辣病、水心病、痘斑病、梨黑心病、桃顶腐病以及樱桃裂果等，都与果实中钙不足有关。

1. 症状

青枣缺钙时，顶芽及侧芽停止生长甚至出现萎凋现象，新叶叶缘坏疽，顶端嫩叶叶片呈淡绿色，幼叶叶脉间和边缘失绿，叶片下垂，随后褪绿部分变暗褐色形成枯斑，叶脉间有褐色斑点，接着叶缘焦枯，新梢顶端枯死，严重时易造成大量落叶。缺钙的青枣生理落果严重，自枝梢顶端向下枯死，侧芽发出的枝条也会很快枯死。病果小而畸形，淡绿色。同时，幼根的根尖生长停滞，而皮层仍继续加厚，在近根尖处生出许多新根。严重缺钙时，幼根逐渐死亡，在死根附近又长出许多新根，形成粗短分枝的根群。

2. 发生原因

在酸性土壤条件下，南方果园经频繁雨水淋溶作用，加上生理酸性肥料的作用，常常导致缺钙症状发生。

3. 防治方法

缺钙时，应避免过多施用铵态氮肥和钾肥，以免妨碍钙离子的吸收。酸性土壤可施用石灰调节酸度，增加代换性钙含量，其施用量视土壤酸度而定。沙质土壤，可穴施石膏、硝酸钙或氧化钙；叶面喷施氨基酸钙液、氯化钙液或硝酸钙液等钙肥；还可用0.5%浓硝酸钙、氯化钙等根外喷施。钙含量低的酸性土壤要多施有机肥料，少施酸性化肥，并避免一次施用大量的钾肥和氮肥。此外，果实采收后浸钙也有一定效果。

（七）缺锌

1. 症状

阳面叶片的缺锌症状比阴面更为明显。青枣缺锌时，表现为新梢顶端生长的叶片比正常的狭小，叶肉褪绿而叶脉浓绿，新梢节间短，花芽减少，不易坐果，即使坐果，果实小而发育不良。

2. 发生原因

土壤呈碱性时，有效锌易变为难溶状态而减少。淋溶性强的酸性土壤（尤其是沙质土壤）有效锌含量低，又易流失。氮肥施用过多，妨碍锌的吸收。pH值为7.0以上的土壤过量施用磷肥，易形成难溶的磷酸锌，并可诱发缺锌症。

3. 防治方法

增施有机肥，降低土壤 pH 值。发芽前，对树上喷施 3%～5%硫酸锌溶液，或发芽初期喷施 1%硫酸锌溶液，当年效果比较明显。发芽前或初发芽时，在有病枝头上涂抹 1%～2%硫酸锌溶液，可促进新梢生长。

（八）缺氮

氮是植物营养中重要的和不可缺少的大量元素之一。因为氮是许多必需有机物质的组成部分，如酶、核糖核酸、脱氧核糖核酸、蛋白质、叶绿素。核糖核酸和脱氧核糖核酸是合成蛋白质与遗传的物质基础。在植物生长发育过程中，体内细胞增长和新细胞形成都必须有蛋白质的参与，各种代谢过程都必须有相应的酶参加，起着生物催化作用。叶绿体是植物进行光合作用的场所，叶绿素含量的多少直接与光合作用产物、碳水化合物的形成密切相关。氮有增大叶面积、提高光合作用、促进花芽分化、提高坐果率的功能。

1. 症状

青枣缺氮，植株生长缓慢，叶片薄而小，植株矮小。由于氮素在植株体内能被再度利用，因此在缺氮时，下部叶片叶绿素解体，初期下部叶片开始黄化，以后逐渐向上部叶片扩展；植株各部分叶绿素减少，并提早老化，导致整个植株所有叶片变黄。叶片黄化程度取决于植株缺氮程度，缺氮越多，黄化越严重。缺氮严重的植株提早老化。

2. 发生原因

青枣植株缺氮主要是由于土壤有效氮供给不足（小于 100 mg/kg）所致。影响土壤有效氮的因素有土壤的有机质、全氮、质地、温度、湿度以及施肥等。土壤中的氮绝大多数以有机形态存在，而有机氮则是有效氮的主要来源。因此，土壤有效氮与土壤有机质及全氮含量的关系十分密切。黏土中的有机质和全氮含量高，供肥较为稳定而持久，但氮的利用率较低；沙土的氮利用率较高，但供氮猛而不持久，有效氮供应不足。有机氮的分解与微生物的活动有关，在一定范围内随着温度上升，其分解速度加快。土壤湿度影响微生物的活动，从而对有机氮的矿化有明显影响，土壤过干或过湿均不利于有机氮的矿化。施用肥料促进有机质的分解，有利于有机氮的释放，施用氮肥不仅提供了大量有效氮，同时也提高了土壤对氮的吸收利用。

3. 防治措施

定植前检测土壤有效氮及其他营养元素的含量，根据土壤养分含量确定合理的施氮量及其他肥料用量，同时在定植坑中施足有机肥。定植后，每次施肥后若遇土壤干旱时则应及时浇水。除对土壤追施速效氮肥外，还可用 0.3%～0.5%尿素进行叶面喷施 2～3 次。

（九）缺磷

磷是植物营养中不可缺少的大量元素之一。它主要以磷酸二氢根形式被植物体吸收，是核酸、核蛋白、磷脂、磷酸腺苷和酶的组分，并参与体内的糖类、含氮化合物、脂肪等多种代谢过程。核蛋白是细胞核和原生质的主要成分，多分布在幼叶、新芽、根尖等生长旺盛的部位，担负着细胞增殖和遗传变异功能。因此，磷元素有促进青枣花芽分化、新根生长与增强根系吸收能力的作用，有利于授粉受精，提高坐果率，促进果实成熟和种子产生，还有增强果实品质的作用。

1. 症状

缺磷时，青枣植株生长受阻，叶面积减小，分枝数减少，幼枝嫩叶呈僵硬状、无生机，下部叶片黄化，叶片边缘有棕紫色出现。

2. 发生原因

青枣植株缺磷主要是由于土壤有效磷（P）供给不足（小于 5 mg/kg）所致。而影响土壤有效磷的因素有土壤的有机质、全磷、质地、湿度、酸度以及施肥等，全磷含量低和有机质低的土壤，酸性和碱性以及沙质的土壤其有效磷含量均较低。土壤干旱也会加重缺磷症状。

3. 防治措施

酸性土壤上作物缺磷原因较为复杂，与土壤缺磷、养分间拮抗及作物吸收磷的能力等诸多因素有关。定植前在定植坑中施足有机肥。同时，检测土壤有效磷及其他营养元素的含量，再根据土壤养分含量确定合理的施磷量及其他肥料用量。定植后施肥，若遇土壤干旱，则应及时浇水，保持土壤湿润。基部施肥时，对于酸性土壤，宜选用钙镁磷肥；对于碱性土壤，宜选用普通过磷酸钙肥料。在生长期间，可采用 0.2%磷酸二氢钾叶面喷施。

二、青枣冻害与其他非侵染性病害

（一）冻害

青枣虽然耐寒性较好，一般不常发生冻害，但在个别年份，寒潮来得早，且突然降温，也偶有发生。当白天气温低于 15℃时，青枣生长明显减慢；当白天气温低于 10℃出现霜冻时，幼果会被冻伤。受冷风正面吹袭的果实受害最为严重。受冻害的幼果，果皮颜色由青绿变紫色，果实膨大缓慢，即使气温正常后，果实恢复生长，受伤的果皮也会变成褐色斑块，影响商品性状。

为了避免在气温较低、霜期较长的地方发生冻害，青枣应选择坐北朝南、气温暖和的地方种植；在寒冷季节来临前增施磷、钾肥，喷施硼肥，可以增加果树的抗寒能力；提前用薄膜袋或防水胶袋给果实套袋，可以减轻果实受冻程度。

（二）生理性烂果

若青枣果实采收期延迟，常会出现大量生理性烂果，这是由于果实成熟过度

所致。生理性烂果的发生程度取决于收获时间早晚，一般情况下在1月下旬开始发病，2月初进入高峰期。在2月初时，发病率在1%~5%，但也有个别果园发病率可高达10%，甚至更高。结果越多的枣树，发病越多。

初期，果实上出现淡黄色小点，病健交界不清，病斑渐向四周扩展，有时同一果实上出现多个小病斑；约在一周后，小病斑愈合，黄色病斑扩展到整个果实。病斑以向阳面和近枣吊端先出现。当病斑覆盖整个果实时，散发出乙醇发酵气味，逐渐变酸且有刺鼻味。果肉由最初较硬且淡黄色，逐渐变成水浸状、变软。随着其他腐生菌的着生，局部表皮上长灰色或黑色菌丝。发病较轻的果实，在收获后3~5天内，便开始变软、腐烂。

正确判断果实的成熟度而适时收获是生理性烂果病最有效的防治方法。对于需要长距离运输、长时间贮藏的果实，可以提早到12月上旬至下旬收获；对于即收、即销的果实，采果可以适当推迟，以便增加果实中的糖含量和果实的口感及风味。

（三）二氧化硫毒害症

二氧化硫毒害症一般不会发生，但在距砖瓦窑、糖厂等排烟多的工厂较近的果园会时有发生。二氧化硫毒害症为非侵染性病害，由空气中高浓度的二氧化硫引起。此症一旦发生，便可引起果园绝产。二氧化硫毒害症初期表现在枣树的嫩梢、嫩叶上，叶片边缘先失绿，呈水渍状，然后逐渐向叶片中心扩展，叶片变为暗绿色、褐色而枯死。该症发病非常快，幼花和幼果亦会变为褐色而枯死，但已成形的大果实仍保持绿色，只是表皮无光。自病斑首次出现症状到死亡仅2天，叶肉部分为枯褐色，仅主叶脉为绿色，最后整个植株的所有叶片全部枯死。受害轻的植株，主要是叶缘变为枯褐色，这可能是露水或雨水下滑，叶片边缘部分滞水时间长，而水中溶有更多的二氧化硫及其他有害物质所致。

该症受害程度为距污染源近的果园发病重，山凹地发病重，坡地下面的比上面的发病重。雾大、露重、阴雨连绵的天气，气流不畅的少风日子，二氧化硫气体不易飘散开的时候发生严重。因此，青枣果园在选址时，应尽量选择远离有严重污染工厂的地方。利用青枣多次开花的习性，对二氧化硫污染轻、发生早的果园，增加肥水调节，提高果树生长势，促进新芽生长，增加进行光合作用的叶面积，保护受害轻的果实，增加新果枝及开花结第二茬果实。

第十章 青枣园常见杂草及其防治技术

青枣园附近区域存在着容易进入的、危害青枣园的杂草种类很多，且因区域不同而存在较大差异。青枣树因每年初春时节砍除上年枝干、重发新枝的管理模式，使园中有近5个月的时间青枣树冠不能覆盖地面，从而导致出现不同类型的杂草同时滋生的现象。这些杂草争水、争肥严重，有些还是青枣病虫害的中间寄主，对青枣危害非常严重。果园杂草的主要危害包括以下几方面：

（1）杂草在生长过程中要从土壤中夺取养料和水分，严重干扰果树生长，与果树争肥、争水、争光，甚至有的还直接侵害果树，插生或攀附缠绕在果树上，与果树争夺阳光，影响果品产量和质量。

（2）杂草是病虫害发生的媒介、宿主，果园中某些杂草常常起着越冬寄主的作用，其中也常常隐藏着其他侵害果树的真菌、昆虫和线虫。

（3）枣园杂草多了，就要花费很多力气进行人工除草，费时费工，影响农事操作。

目前在广西、云南、四川攀西等地的青枣园中，常见的杂草主要有菟丝子、列当、繁缕、酢浆草、龙葵、旱稗、反枝苋、小飞蓬、铁苋菜、益母草等。

一、青枣果园中常见杂草

（一）菟丝子

菟丝子（*Cuscuta chinensis* Lam.），又名豆寄生、无根草、黄丝、金黄丝子、菟儿丝、菟丝实、吐丝子、黄藤子、龙须子、萝丝子等，属旋花科菟丝子属。

如图10-1所示，菟丝子是1年生寄生草本，茎细，缠绕，黄色，无叶。花多数，簇生，花梗粗壮；苞片2个，有小苞片；花萼杯状，长约2 mm，5裂，裂片卵圆形或矩圆形；花冠白色，壶状或钟状，长为花萼的2倍，顶端5裂，裂片向外反曲；雄蕊5枚，花丝短，与花冠裂片互生；鳞片5片，近矩圆形，边缘流苏状；子房2室，花柱2个，直立，柱头头状，宿存。其蒴果近球形，稍扁，成熟时被花冠全部包住，长约3 mm，盖裂；种子2~4颗，淡褐色，表面粗糙，长约1 mm。

　　在我国，菟丝子主要分布在吉林、辽宁、山西、河北、河南、山东、四川、贵州、广东等地。菟丝子可寄生于青枣树体上，种子入药，有补肝肾、养血、润燥之功效。

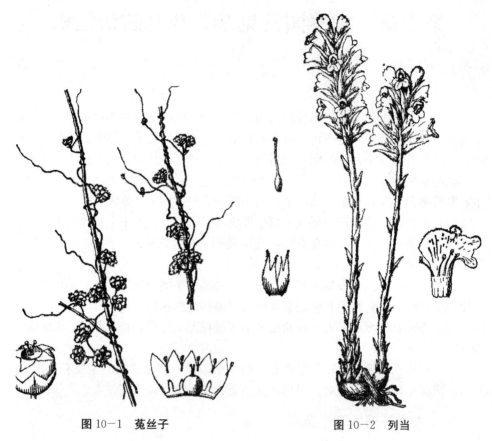

图 10-1　菟丝子　　　　　　　　　　　　图 10-2　列当

（二）列当

　　列当（*Orobanche coerulescens* Steph.），又名草苁蓉、独根草、兔子拐棒、山苞米，属列当目列当属。

　　如图 10-2 所示，列当是 2 年生或多年生寄生草本，高达 35 cm，全株被白色绒毛。根茎肥厚，茎直立，黄褐色。叶鳞片状，卵状披针形，长 8～15 mm，黄褐色。穗状花序，长 5～10 cm，密被绒毛；苞片卵状披针形，顶端尾尖，稍短于花冠；花萼 2 深裂至基部，膜质，每一裂片顶端 2 裂；花冠唇形，淡紫色，长约 2 cm，筒部筒状，上唇宽，顶端微凹，下唇 3 裂，裂片近圆形；雄蕊 2 枚，着生于筒中部；侧膜胎座，花柱长。其蒴果卵状椭圆形，长约 1 cm；种子黑色，多数。

　　在我国，列当主要分布于辽宁、吉林、黑龙江、山东、陕西、四川、甘肃、内蒙古等地。

（三）繁缕

繁缕［*Stellaria media*（L.）Villars］，又名鸡儿肠、鹅耳伸筋、鹅肠菜，属鸡草繁缕属。如图10-3所示，繁缕为直立或平卧的1年生或2年生草本，高10~30 cm。茎纤弱，由基部多分枝，茎上有一行短柔毛，其余部分无毛。其叶卵形，长0.5~2.5 cm，宽0.5~1.8 cm，顶端锐尖，有或无叶柄。花单生叶腋或成顶生疏散的聚伞花序，花梗长约3 mm，花后不下垂；萼片5片，披针形，长4 mm，有柔毛，边缘膜质；花瓣5瓣，白色，比萼片短，2深裂近基部；雄蕊10枚；子房卵形，花柱3~4个。其蒴果卵形或矩圆形，顶端6裂；种子黑褐色，圆形，密生纤细的突起。

繁缕广泛分布于全国各省区，生于田间、路旁或溪边草地。

图10-3 繁缕 　　　　　　图10-4 酢浆草

（四）酢浆草

酢浆草（*Oxalis corniculata* L.），又名酸浆草、酸酸草、斑鸠酸、三叶酸、酸咪咪、钩钩草，属牻牛儿苗目酢浆草科酢浆草属。

如图10-4所示，酢浆草为多年生草木，多枝草本，茎柔弱，常平卧，节上生不定根，被疏柔毛。三小叶复叶，互生；小叶无柄，倒心形，长10 mm，被柔毛；叶柄细长，长 2~6.5 cm，被柔毛。花一朵至数朵组成腋生的伞形花序，总花梗与叶柄等长；花黄色，长 8~10 mm；萼片 5 片，矩圆形，顶端急尖，被柔毛；花瓣 5 瓣，倒卵形；雄蕊 10 枚，5 长 5 短，花丝基部合生成筒；子房 5 室，柱头 5 裂。其蒴果近圆柱形，长 1~1.5 cm，有 5 纵棱，被短柔毛。

酢浆草主要生于温带及热带地区，我国南北各地都有，常见于旷地、山坡草池、河谷沿岸、路边、果园、田边、荒地或林下阴湿处等，花期 7—8 月，果期 8—9 月。

（五）龙葵

龙葵（*Solanu nigrum* L.），别名黑天天、天茄子、苦葵、天泡草，属茄科茄属。

如图 10-5 所示，龙葵为 1 年生草本植物，高 30~50 cm，茎直立，上部多分枝，叶互生，卵形，先端渐尖，基部广楔形，全缘或具不规则的粗齿，长 2.5~10 cm，宽 1.5~5.5 cm，叶柄长达 2 cm。花序腋外生，伞形状聚伞花序，或短蝎尾状花序，有花 4~10 朵，花梗长约 1~2.5 cm，花细小，柄长约 1 cm，下垂，花萼杯状，5 裂，花冠白色，5 裂。裂片卵状三角形，约 3 cm；雄蕊 5 枚，花药顶端孔裂；子房上位，卵形。浆果球形，直径约 8 mm，成熟后紫黑色，种子近卵形，压扁状。花果期 6—10 月份。

龙葵繁殖方式为种子繁殖，全国各地均有分布，常散生于肥沃、湿润的农田、菜园、果园、荒地及住宅旁等处。

（六）旱稗

旱稗〔*Echinochloa hispidula*（Retz.）Nees〕，又名稗草，属禾本科稗属。如图 10-6 所示，旱稗是 1 年生草本植物，春夏发生型，旱生。秆丛生，直立，高 40~90 cm。分蘖极多，叶条形，扁平，无毛，长 10~30 cm，宽 0.6~1.2 cm，先端渐尖，边缘干时常向内卷，叶鞘光滑无毛，无叶舌。圆锥花序狭窄，长 5~5 cm，宽 1~1.5 cm，分枝上不具小枝，有时小部轮生；小穗卵状椭圆形，长 4~6 mm；第一颖三角形，长为小穗的 1/2~2/3，基部包卷小穗；第二颖与小穗等长，具小尖头，有 5 脉，脉上具刚毛或有时具疣基毛，芒长 0.5~1.5 cm；第一小花通常中性，具 7 脉。花果期 7—10 月份，果实干熟后，始行脱落。

旱稗为种子繁殖，国内各省都有分布，主要为害蔬菜、果树、茶园、棉花、大豆、水稻等作物。

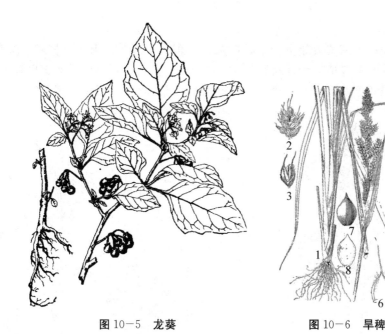

图 10-5　龙葵　　　　　　　　　图 10-6　旱稗

（七）反枝苋

反枝苋（*Amaranthus retroflexus* L.），又名西风谷、苋菜，属苋科苋属。如图 10-7 所示，反枝苋是 1 年生草本，高 20~80 cm，茎直立，稍具钝棱，密生短柔毛。叶菱状卵形或椭圆卵形，长 5~12 cm，宽 2~5 cm，顶端微凸，具小芒尖，两面和边缘有柔毛；叶柄长 1.5~5.5 cm。花单性或杂性，集成顶生和腋生的圆锥花序；苞片和小苞片干膜质，钻石形，花被片白色，具一淡绿色中脉；雄花的雄蕊比花被片稍长；雌花花柱 3，内侧有小齿。胞果小，扁球形，淡绿色，盖裂，包裹在宿存花被内。

反枝苋原产于热带非洲，在我国主要分布于东北、华北和西北，为田间杂草。

（八）小飞蓬

小飞蓬 [*Conyza canadensis*（L.）Crona.]，别名白酒草、小飞蓬、加拿大蓬、飞蓬，属菊科飞蓬属。如图 10-8 所示，小飞蓬是越年生或 1 年生草本植物，其茎直立，高 5~60 cm，上部分枝，带紫色，有棱条，密生粗毛。叶互生，两面被硬毛，基生叶和下部茎生叶倒披针形，长 1.5~10 cm，宽 3~12 cm，全缘或具少数小尖齿，基部渐狭成叶柄，中部和上部叶披针形，无叶柄，长 0.5~8 cm，宽 0.1~0.8 cm。头状花序密集成伞房状或圆锥状；总苞半球形；总苞片 3 层，条状披针形，短于筒状花，背上密生粗毛；雌花二型：外围小花舌状，淡紫红色，内层小花细筒状，无色；两性花筒状，黄色。瘦果矩圆形，稍扁；冠毛

123

2层，乌白色。

小飞蓬在我国主要分布于新疆、内蒙古、东北、河北、山西、甘肃、陕西、青海、四川、西藏等地，此外欧洲西部、俄罗斯、蒙古、日本以及北美也有，常见于河滩、渠旁、路旁，大片群落，主要为害棉花、小麦、果树、蔬菜等。

图10-7　反枝苋

图10-8　小飞蓬

（九）铁苋菜

铁苋菜（*Acalypha australis* L.），又名蛤蜊花、血见愁、海蚌念珠、叶里藏珠，属大戟科铁苋菜属。如图10-9所示，铁苋菜为1年生草本植物，高30～50 cm，被柔毛。茎直立，多分枝。叶互生，椭圆状披针形或卵状菱形，边缘有钝齿长2.5～8 cm，宽1.5～3.5 cm，顶端渐尖，基部楔形，两面有疏毛或无毛，叶脉基部三出，叶柄长。花序腋生，有叶状肾形苞片1～3片，不分裂，合对如蚌。雌雄花同生于一花序上，雄花序极短，着生于雌花序的上端，穗状。雄花萼4裂，雄蕊8枚；雌花序生于苞片内。蒴果小，为钝三棱状，淡褐色，被有粗毛。种子黑色，花期为5—7月，果期为7—11月。

图10-9　铁苋菜

铁苋菜为种子繁殖，在我国主要分布于华东、中南、西南、东北、华北等地，常生长于农田、果园等处。

（十）益母草

益母草 [*Leonurus artemisia*（Lour.）S. Y. Hu]，又名益母艾、红花艾、坤草、茺蔚、三角胡麻等，属唇形科益母草属。如图 10-10 所示，益母草为 1 年生或 2 年生草本。幼苗期无茎，基生叶圆心形，浅裂，叶交互对生，有柄，青绿色，质鲜嫩，揉之有汁；下部茎生叶掌状 3 裂；花前期茎呈方柱形，轮伞花序腋生，花紫色，多脱落。花萼内有小坚果 4 个，花果期 6—9 月。

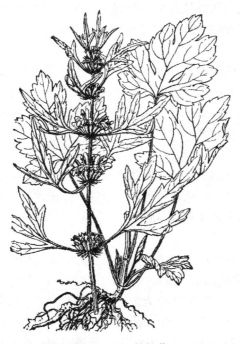

图 10-10　益母草

二、青枣园杂草防除技术

青枣园的杂草防除常用措施主要有植物检疫、人工除草、机械除草、物理除草、化学除草、生物除草和综合除草等。从目前的生产实际情况出发，以农业防治及化学除草最为有效。

（一）农业防治

1. 深翻土地

深翻果园土壤不仅能把土表的杂草种子埋入深层土壤中，使之不能正常萌发，减少 1 年生或 2 年生杂草的发生数量，而且可以破坏多年生宿根性杂草的根系，把部分地下根状茎翻至地表，使其不能得到足够的水分而干枯死亡。

2. 科学施肥

由于有机肥来源复杂，一般都混有杂草种子，因此要采取高温堆肥等方法，充分腐熟，使有机肥中的杂草种子不能发芽。

3. 中耕除草

要坚持"除早、除小、除了"的原则，及时清除果园内的杂草，减轻杂草的危害。通常在下午耕锄草少和高岗平川的果园，午前耕锄草多和低洼地的果园，以便有充足的时间晒死杂草和晒干地皮，防止杂草再生。进入雨季，要根据天气预报，提早锄完草荒地和低洼地果园的杂草，防止杂草遇雨复活。每次锄完草后，必须要有 2~3 天的曝晒期，晒干杂草，使其不能复活。

4. 覆盖地膜

幼树覆盖地膜后成活率高，萌发早，能促进树体发育，提早成形和结果。覆盖地膜压草的效果十分显著，特别是杀草膜、黑膜、绿膜在覆盖期间不需除草。覆盖地膜后，药剂防治只是作为辅助措施，即对地膜外生长的杂草，采用草甘膦、百草枯等定向点喷，喷药时要注意安全。

5. 种植绿肥

豆科绿肥，如北方的毛叶苕子、草木樨，南方的印度豇豆、蚕豆、光叶苕子以及沙打旺、紫穗槐等。在果园行间或园边零星隙地种植，有固土、压草、肥地之功效，绿肥割后集中翻压有较高肥效。

6. 果园生草法

在国外，果园普遍采用生草法，即在果树行间人工种植草带（或利用自然生草），全年多次用割草机割草，保持一定草层高度，割下的草让其就地腐烂。人工种植草带，以多年生豆科三叶草为主，禾本科有兰草、红狐、鸭茅等。生草法能培养地力，保护土壤，提高产量和品质。同时辅以除草剂的使用，仅限于树冠和株间，可大量节省药剂使用量。在国内，苹果园和柑橘园采用生草法已有一定的应用面积，目前还未见于青枣园。

（二）化学除草

由于果园内很少种植其他作物，一般选用灭生性的除草剂。果园中常用的除草剂有草甘膦、农达、克芜踪、氟乐灵、敌草隆、达草灭、特草定等。按使用时期不同可分为两大类：一是萌芽前土壤处理剂，如敌草隆、达草灭、特草定等；二是生长期茎叶喷雾剂，如草甘膦、农达、克芜踪等。

对 1 年生或 2 年生单、双子叶杂草如狗尾草、小飞蓬、龙葵、苍耳、藜等为主的果园，一般在杂草萌发前，可采用每亩用 75％五氯酚钠可湿性粉剂 200~400 g，或者每亩用 48％氟乐灵乳油 100 mL 加 40％阿特拉津胶悬剂 200 g 混合后进行土壤处理。在杂草生长前期，每亩可使用 20％克芜踪水剂 100~200 mL 或 10％草甘膦水剂 750~1000 mL 或 50％草甘膦可湿性粉剂 120~200 g，然后加水

30~40 kg，再加 0.2％洗衣粉，茎叶喷洒（雾状）；此外，也可每亩用 41％农达乳油 150~200 mL，加水 30~40 kg，均匀喷洒（雾状）。以上方法均有较好的防治效果。

对 1 年生和多年生单、双子叶杂草混生的果园，在杂草出苗前或萌动时，每亩用 25％敌草隆可湿性粉剂 500~800 g 进行土壤处理。在杂草生长期，每亩用草甘膦有效成分 100~150 g，加水 30~40 kg，再加 0.2％洗衣粉，均匀喷洒（雾状）；或每亩用 10％草甘膦水剂 750 mL，加 25％绿麦隆可湿性粉剂 75 g，茎叶喷洒（雾状）。

对以多年生深根性杂草如狗牙根、莎草、茅草、野艾蒿等为主的果园，可在杂草生长旺盛期，每亩用草甘膦 150~200 g 或 41％农达乳油 350~400 mL，加水 30~40 kg，均匀喷洒（雾状）。这样不仅可以杀死杂草的地上部分，而且对地下根茎也有很好的防治效果。

果园化学除草应注意的事项：

（1）首先要弄清楚果园的杂草种类和发生情况，再确定除草剂的品种和用量，避免盲目喷洒除草剂。

（2）在使用茎叶喷雾剂如克芜踪、草甘膦、农达等时，应该定向喷洒，不应将药液喷洒到果树叶片上，避免造成药害。同时，喷药力求均匀且到位，对宿根性杂草的茎叶应喷洒至湿润滴水为度，以免影响防治效果。

（3）选择最佳用药时间，果园喷洒除草剂应在晴朗无风的天气进行，不要将药液喷洒到树叶上和周围的作物上。

（4）2，4－D 丁酯熏蒸性强，对阔叶作物十分敏感，周围有阔叶作物时要看风向慎用。

（5）喷洒过除草剂的药械，要反复冲洗后才能再用来喷洒其他药剂。

第十一章　青枣贮藏保鲜及加工利用

一、青枣的采收

（一）果实成熟度及采收时间的确定

青枣果实的成熟期，因品种、种植地区的气候和栽培管理措施等方面的不同而异。适时采收，保持青枣良好的理化性质，是搞好青枣鲜销和贮藏保鲜的重要前提。青枣的果实由子房发育而成，落花后幼果开始发育，在发育末期果实生长逐渐停止，当其颜色由绿色转变为鲜绿色、淡绿色或淡黄色时，便进入采收期。因青枣品种不一致，所以最好能分批采收。果实过熟，则质地松软，品质下降，颜色变黄褐色，食之有一股怪味，不利于运输与贮藏。例如，黄冠品种，花期从6月下旬至12月上旬，长达近半年之久，果实成熟期是翌年1月中旬至3月份，早期成熟的果实肉质细致，无酸味，品质佳，口感好；晚期成熟的果实肉质疏松，甜度较低。碧云品种，在黄熟期采收的果实清甜，肉质脆，可溶性固形物含量为15％～16％；而在青熟期采收的果实则味淡，带涩味，并有留皮感。五千品种，在果实完熟时，果肉松软，不脆；而在果实黄绿熟时，品质最好，肉白味甜。高朗1号品种，在果实青绿色时就已成熟。肉龙品种，在果实黄绿色时才成熟。缅甸品种群的长叶枣，在果实淡黄色时成熟。此外，同一地区同一品种的青枣果实发育期在不同年份大致稳定，因此生产上也常常根据不同品种自开花到果实成熟的时间来判断采收期。例如，高朗1号、金车、特龙品种需要100～120天，黄冠品种需要125～135天，玉冠品种需要130～150天。

从气候和栽培措施方面来讲，偏南的栽培地区其果实采收适宜期比偏北的栽培地区的要提早；精细管理的其果实采收适宜期比粗放管理的也要提早。一般长途运输或要长时间贮藏的青枣果实，采收成熟度要稍低一些；短途运输或即时销售的，采收成熟度要高一些，但不能过熟。

青枣果实主要供鲜食，要求采下的果实既要保持本品种的风味和良好的外观，又要较耐贮运。因此，必须掌握好果实成熟度，做到适时采收。采收过早或过迟，都会影响果实的品质、风味和产量，过迟采收的果实，尤其不利于贮运。如果要长途运输，则在九成熟时即应采收。

果实的成熟度可依据果实口感确定或使用测糖仪器测量确定。手持糖量计是一种常用的测糖仪器，可用来测定果蔬中可溶性固形物的含量，其结构如图11-1所示。由于果实中可溶性固形物主要是糖，故可用其代表果蔬中的含糖量。使用手持糖量计测量的方法简单易行，速度快，适合于野外作业。

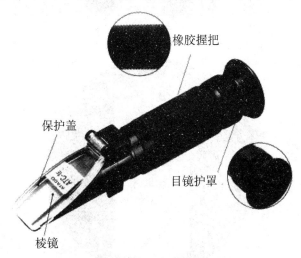

橡胶握把

保护盖

目镜护罩

棱镜

图 11-1 手持糖量计结构示意图

使用手持糖量计测量的操作步骤如下：

（1）仪器校正：掀开照明棱镜盖板，用柔软的绒布或镜头纸仔细将折光棱镜擦拭干净，注意不能划伤镜面，取蒸馏水或清水 1~2 滴，滴于折光棱镜面上，合上盖板，使进光窗对准光源，调节校正螺丝，将视场分界线校正为零，如图11-2 所示。

（2）测量：用同样方法擦净折光棱镜，取果汁或蔬菜汁数滴，滴于折光棱镜面上，合上盖板，让进光窗对准光源，调节目镜，使视场分界线清晰可见，而所见的明暗分界线的相应读数，即为果汁或蔬菜汁中可溶性固形物含量的百分数，用以代表果实中的含糖量（测定时，其温度最好控制在 20℃，或者在 20℃左右，这样其准确性较好）。

手持糖量计的测量范围常为 0~90%，其刻度标准温度为 20℃。若测量时在非标准温度下，则需要进行温度校正。青枣的成熟期很不一致，因此应当分批采收。果实的采收标准，以达到该品种原有的风味为准，一般可将果皮颜色、果实形态作为确定成熟度情况的标志。在当地鲜销的果实，应以原来绿色变为淡黄绿色或黄绿色、果实饱满、皮色有光泽时采收，此时的果实清甜香脆，耐贮运；如果要外运，则还可适当提早采收。果实过熟时，果皮黄红色且发皱，肉质变松软，略带乙醇气味，品质风味均下降，不耐贮运，从而降低或失去商品价值。

（1）打开保护盖

（2）在折光棱镜上滴
1～2滴样品液

（3）合上盖板，水平对着
光源，透过目镜读数

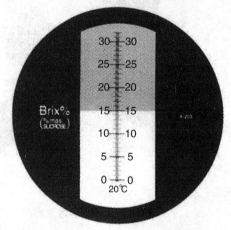

图11-2　手持糖量计操作示意图

（二）采收的方法

采收前要注意做好园林间管理，特别要加强病虫害防治。采收前半个月对枣果喷洒杀菌剂，可以减少采收后的腐烂损失。另外，在采收前半个月左右喷洒1%硝酸钙，可以提高枣果采收后的耐贮性。

果实采摘宜选在湿度较低时进行，一般在晴天采收。采摘用手或果剪，要注意保留果柄，将果实逐个摘下，要轻摘轻放，不要碰撞，不要挤压，避免机械损伤，以免造成碰压伤而烂果。青枣枝条脆软，挂果量大，采收时注意不要把枝条折断，不要损伤尚未采收的果实。摘掉果柄或受机械损伤的果实很容易腐烂，不耐贮藏运输，且影响其商品价值。青枣果皮薄肉脆，极容易受伤，最好戴手套采摘，这样既可避免指甲伤果，又能防止手被树枝上的刺刺伤。

二、青枣采收后的商品化处理

青枣的商品化处理流程包括采收、挑选与分级、清洗、药物处理、包装、预冷、贮藏、运输、销售等一系列步骤。

（一）挑选与分级

挑选是枣果采收后的第一个环节。无论用于贮藏加工还是直接进入流通领域，枣果采收之后都应该进行严格的挑选，剔除有机械损伤、病虫害、畸形、色泽差等不符合商品要求的果品，以利于下一步的分级、包装和贮运。

分级的主要目的是使果品达到商品标准化。采摘下来的果实大小混杂、良莠不齐，需要通过分级来按级定价，来收购、贮藏、包装和销售，以实现果品的优质优价。我国的果品分级标准有国家标准、行业标准、地方标准和企业标准等4个级别。不同果品，甚至同一种果品的不同品种的分级标准是不同的。目前，青枣还没有统一的分级标准，一般可根据果实大小、重量和色泽等进行果品分级。

（二）清洗

清洗是果品商品化处理中的重要环节。一般可采用浸泡、冲洗、喷淋等方式水洗，或采用干（湿）毛巾、毛刷等工具清除果品表面污物，减少病菌和农药残留，使之清洁卫生，符合商品要求和卫生标准，以提高其商品价值。洗涤水要干净卫生，还可加入适量杀菌剂，如次氯酸钠、高锰酸钾等。水洗后要及时进行干燥处理，除去表面水分，否则在贮运过程中会引起腐烂。如果园林间管理好，果实清洁卫生，则可免去洗果环节。

（三）药物处理

在做好园林间防治微生物潜伏侵染的基础上，一般在采收后还要进行药物处理，除了可采用杀菌剂来杀灭果皮表面病原微生物外，还可采用一些植物生长调节剂（如2，4-D）以及乙烯吸收剂或抑制剂（如1-MCP）来延缓枣果成熟衰老，提高果实抗病性和耐藏性。此外，也可以使用一些涂膜剂来抑制枣果呼吸作用，减少水分散失和营养物质的消耗，延长贮藏期；同时，涂膜还可以增进果品表面光泽，使外皮洁净、美观、漂亮，提高商品价值。如果涂膜剂中加有防腐剂，则可以抑制病原菌侵染，减少腐烂。不过，由于青枣一般是连果皮食用的，因此一定要特别注意所使用的药剂的毒性和残留问题，不能使用有毒防腐剂。目前，常用且较安全的防腐剂有脱氢醋酸、苯甲酸钠及山梨酸钾等。

（四）包装

包装是起保护、保鲜和改善外观的作用。新鲜枣果含水量高，果皮脆嫩，不耐碰撞和挤压，易受机械损伤和微生物侵染，而且极易失水皱缩。通过良好的包装，可以保证产品安全运输和贮藏，减少枣果间的摩擦、碰撞和挤压，减少病虫害和水分散失，使鲜枣果在流通中保持良好的稳定性。设计精美的包装也是商品的重要组成部分，是贸易的辅助手段，为市场交易提供标准规格单位，并且有利于充分利用仓储空间和合理堆码。包装容器的选择应针对枣果的特点、要求以及用途的不同（如运输包装、贮藏包装、销售包装等）分别进行设计或结合在一起。在密闭的环境中，枣果会迅速转入无氧呼吸，使生理代谢失调，产生大量乙醇并促进果实软化，产生酒糟味，失去鲜脆品质。因此，枣果包装既要防止过快

失水皱缩，又要有一定通气量，以防发生无氧呼吸。销售包装一般常用 0.03~0.05 mm 厚的聚乙烯袋打孔包装，每袋装枣果 0.5~2 kg。在贮藏期间可增加包装袋孔数或换袋，以保证贮藏效果。贮运包装选用 0.07 mm 厚的聚乙烯袋打孔包装，每袋装鲜枣果 5~10 kg，并用有孔纸箱或塑料箱外包装，且在包装外面注明商标、品名、等级、重量、产地、特定标志及包装日期等内容。装枣果时，要注意轻倒轻放，不要碰破，装好后即封口，贮放在库内。贮藏期间要注意散热降温，以免鲜枣果高温发酵。

（五）预冷

预冷是在运输、贮藏或加工之前将新采收的青枣的田间热迅速除去（可采用放置在阴凉处或风冷、水冷等方法）的过程。预冷可以延缓果实变质和成熟过程，并可节省贮运中的制冷能耗。因此，采摘下来的枣果应尽快送至阴凉通风处或冷库中迅速降温，以排除其田间热。由于青枣多在冬季采收，温度较低，预冷作用不是很大，但遇到回暖天气，温度高时，预冷就是必要的。另外，有些地区若遇 0℃ 以下低温时，则要注意防冷害。

（六）贮藏

不同贮藏方式的保鲜效果是不同的，常温贮藏的保鲜时间较短，自然通风贮藏远不及恒温冷藏。温度是影响鲜枣果贮藏寿命最主要的环境因素，贮藏温度越高，呼吸强度越大，衰老越快。据研究，青枣贮藏的适宜温度为 3℃~5℃，此温度下可延长贮藏期。湿度也是影响鲜枣果贮藏的重要因素，青枣贮藏的适宜相对湿度为 90%~95%。另外，贮藏过程中要有适当的通气条件。不同品种的台湾青枣耐藏性有差异，一般果皮薄、组织疏松、糖分含量少的品种不耐贮藏，而果皮厚、组织致密、糖分含量高的品种较耐贮藏。

（七）运输

运输条件（温度、湿度、气体成分等）的要求与贮藏条件的相同或相近。注意轻装轻卸，快装快运，防热，防晒，防雨。销售时要注意，一般情况下，青枣保鲜期约为 1 周，经过商品化处理和冷藏，保鲜期可延长 30 天左右。保鲜期还受品种、成熟度和包装形式等影响。

三、青枣的贮藏方式与管理技术

（一）青枣采后生理学

果蔬的采后生理学是植物生理学的一个分支，主要研究作物的采后生理学问题，它与作物的贮藏、保鲜、运输有着密切的联系。衰老机理、采前贮藏、采期选择、采后贮藏、运输环境条件等，都是采后生理学所研究的范畴。对青枣采后生理学进行深入的了解，可以更好地控制青枣采摘后的生理活动，延缓其成熟与衰老，并在较长的时间内保持果品的较好品质，为贮藏保鲜服务。

1. 呼吸强度

研究发现，青枣在贮藏过程中呼吸强度总体趋势是先上升，达到峰值后又逐渐地下降，出现明显的呼吸跃变。因此，我们可以推断青枣为呼吸跃变型果实。适宜的低温可以推迟呼吸跃变出现的时间，降低峰值。在整个贮藏过程中，各种温度条件下的青枣果实的呼吸强度均会出现呼吸跃变。室温下果实的呼吸跃变出现在贮藏第 12 天；低温能推迟呼吸跃变出现的时间，降低呼吸峰值，4℃和 8℃温度下果实的呼吸跃变出现在贮藏第 18 天；0℃温度下果实的呼吸强度一直处于较低的水平（如图 11-3 所示）。

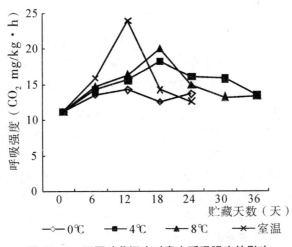

图 11-3 不同贮藏温度对青枣呼吸强度的影响

2. 硬度、可溶性果胶物质和粗纤维含量

（1）青枣硬度的降低是其采摘后品质下降的主要表现之一。由图 11-4 可知，贮藏期间果实硬度总体呈下降趋势，与室温相比低温贮藏有效地抑制了果实硬度的递减。在贮藏初期，果实硬度下降缓慢，低温和室温下贮藏的果实硬度差别不是很大。在贮藏中期，果实硬度递减的速度加快，室温下尤其明显。随着贮藏时间的延长，青枣果实腐烂加剧。到贮藏结束时，8℃和 4℃贮藏的果实硬度分别较高，而 0℃贮藏的果实硬度虽然最高，但将其转至室温下时会迅速腐烂，果实硬度急剧下降至最低值，这说明低温已导致果实发生冷害。

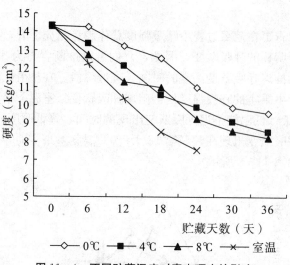

图 11-4　不同贮藏温度对青枣硬度的影响

（2）在贮藏期间青枣可溶性果胶物质含量总体呈上升趋势，而低温下贮藏的青枣可溶性果胶物质含量明显低于室温下贮藏，说明低温在一定程度上抑制了青枣可溶性果胶物质上升。由图 11-5 可以看出，在贮藏初期，青枣可溶性果胶物质含量上升速度缓慢，低温和室温下贮藏的青枣可溶性果胶物质含量差别不是很明显。在贮藏中期，青枣可溶性果胶物质含量上升的速度加快，在贮藏过程中，室温下贮藏的青枣可溶性果胶物质含量相对较高，而8℃、4℃和0℃低温下贮藏的青枣可溶性果胶物质含量均明显低于室温下贮藏，同时青枣的腐烂也达到了一定的程度，其腐烂果数在不断地上升。在贮藏结束时，0℃贮藏的青枣可溶性果胶物质含量虽然最低，但由于温度过低，导致果实发生冷害，转至室温下时便迅速腐烂。

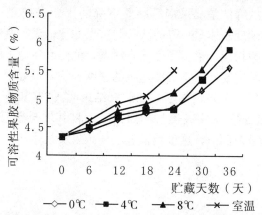

图 11-5　不同贮藏温度对青枣可溶性果胶物质含量的影响

（3）粗纤维是衡量青枣口感的重要指标之一。由图 11-6 可以看出，在低温下贮藏的青枣粗纤维含量均低于室温下贮藏，说明低温在一定程度上抑制了青枣粗纤维含量的升高。在贮藏初期，青枣粗纤维含量呈缓慢上升趋势，室温与低温下贮藏的青枣粗纤维含量差别不是很明显。在贮藏中期，青枣粗纤维含量递增的速度加快，室温下尤其明显，室温下贮藏的青枣粗纤维含量相对较高，而8℃、4℃和0℃低温下贮藏的青枣粗纤维含量明显低于室温贮藏。在贮藏后期，青枣粗纤维含量急剧上升，在贮藏结束时，0℃贮藏的青枣粗纤维含量虽然最低，但由于温度过低，导致果实发生冷害，转至室温下会迅速腐烂。

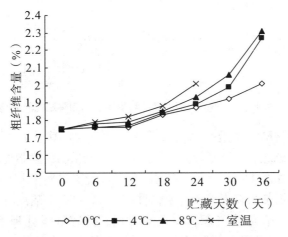

图 11-6　不同贮藏温度对青枣粗纤维含量的影响

3. 细胞膜透性和丙二醛含量（MDA）

（1）细胞膜透性：由图 11-7 可以看出，在不同温度下贮藏，青枣果皮的相对电导率均逐渐递增。室温下，青枣果皮的相对电导率一直相对较高，而适宜的低温可以使青枣果皮的相对电导率递增速度减慢，从而延缓果实的衰老。8℃和4℃处理下，青枣果皮的相对电导率递增速度较为缓慢，在贮藏后期，8℃的青枣果皮的相对电导率略高于4℃的。0℃条件下，青枣果皮的相对电导率在贮藏前期一直处于较低水平，与其他处理区别不大，在这一时期低温尚未对果实细胞结构产生破坏作用，此后相对电导率递增的速度变快，且明显高于其他处理；而在贮藏后期，0℃条件下果皮的相对电导率增加，这一变化趋势说明，0℃低温胁迫引起了细胞膜损失，使其透性增大，从而导致电解质外渗。

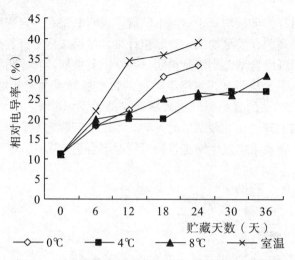

图 11-7　不同贮藏温度对青枣果皮细胞膜透性的影响

（2）丙二醛（MDA）是膜脂过氧化作用的产物，其含量的增加是生物膜损伤程度的重要标志之一。衰老和低温胁迫均会加剧果实的膜脂过氧化作用，从而促进膜的渗漏。如图 11-8 所示，室温贮藏下，青枣果实中 MDA 含量呈上升的趋势，贮藏前期增加得较为平缓，随后明显上升，至贮藏后期时增加的幅度为初始值的 87.95%，这是果实自然衰老的表现。适宜低温处理下，青枣果实中 MDA 含量变化呈起伏状上升，但总趋势是上升的，上升的速度较其他两个处理较慢。0℃条件下，贮藏初期青枣果实中 MDA 含量增加缓慢；贮藏后期，MDA 含量急剧增加，达到一个积累高峰后继续缓慢上升，其值一直保持较高的水平。因此，0℃条件下 MDA 含量的异常增加，是青枣果实发生冷害的结果。

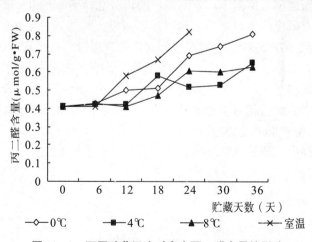

图 11-8　不同贮藏温度对青枣丙二醛含量的影响

4. 超氧化物歧化酶（SOD）活性、过氧化氢酶（CAT）活性和过氧化物酶（POD）活性

（1）SOD 是植物细胞中重要的活性氧清除酶之一，通过防御活性氧或其他自由基对细胞系统的伤害而防止细胞衰老。由图 11-9 可知，在室温下，青枣 SOD 活性在贮藏前期下降的速度比较缓慢，始终保持着较高的活性，而在贮藏后期下降迅速。适宜的低温条件下，青枣 SOD 活性变化趋势相似，贮藏前期，SOD 活性一直呈下降的趋势，后期开始回升，达到峰值后又回落。0℃处理下，SOD 活性在贮藏的前期，下降的速度较其他的处理更为迅速，其后骤增，但达到峰值后又迅速恢复到较低的活性水平。0℃处理下的 SOD 活性在贮藏中期的异常升高，可能是植物在遭受低温伤害开始时的抵御反应，表明了 SOD 在逆境胁迫下的保护功能，贮藏后期随着冷害的加剧，SOD 活性又受到了抑制。

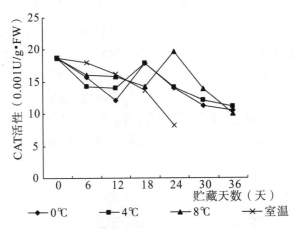

图 11-9　不同贮藏温度对青枣 SOD 活性的影响

（2）CAT 是植物体内清除 H_2O_2 的主要酶之一，它可以使 H_2O_2 分解为 H_2O 和 O_2。由图 11-10 可以看到，青枣 CAT 活性在贮藏过程中呈下降的趋势。室温下，CAT 活性在前期下降缓慢，此后下降的速度加快，这可能是与果实衰老有关。8℃和 4℃下，CAT 活性下降得比较平缓。

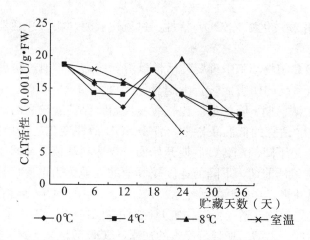

图 11-10   不同贮藏温度对青枣 CAT 活性的影响

（3）POD 是由植物所产生的一类氧化还原酶，它能催化很多反应。如图11-11 所示，青枣在室温下贮藏，其 POD 活性一直呈上升的趋势，初期增加得比较缓慢，后期增加的速度变快。低温能抑制 POD 活性，8℃、4℃ 和 0℃ 下，青枣 POD 活性都低于室温。8℃ 和 4℃ 条件下，青枣 POD 活性初期上升比较平缓，此后缓慢回落，但一直保持相对较高的水平。0℃ 条件下，POD 活性一直低于其他处理，贮藏前期 POD 活性略有下降，此后一直缓慢上升。

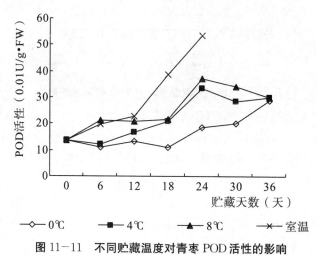

图 11-11   不同贮藏温度对青枣 POD 活性的影响

（二）青枣常用的贮藏方式与管理技术

1. 机械冷藏

机械冷藏指的是利用制冷剂的相变特性，通过制冷机械循环运动的作用产生冷量并将其导入有良好隔热效能的库房中，根据不同贮藏商品的要求，将库房内的温度、湿度控制在合理的范围内，并适当加以通风换气的一种贮藏方式。机械冷藏不受气候条件的影响，可以进行周年贮藏，贮藏期限长，效果好，现在逐渐成为果蔬贮藏的主要形式。

（1）机械冷藏的原理。

①制冷系统。机械制冷是利用汽化温度很低的液态物质（制冷剂）汽化吸收贮藏环境中的热量，从而使库温迅速下降，然后再通过压缩机的作用，使之变为高压气体后冷凝降温，形成液体后循环，这一过程称为制冷。制冷过程是由冷冻机来完成的，冷冻机一般由压缩机、蒸发器、冷凝器和调节阀（膨胀阀）四部分组成。

②制冷剂。制冷剂是指在制冷机械反复不断循环运动中起着热传导介质作用的物质。理想的制冷剂应符合以下条件：汽化热大，沸点温度低，冷凝压力小，蒸发比容小，不易燃烧，化学性质稳定，安全无毒，价格低廉等。自机械冷藏应用以来，研究和使用过的制冷剂有许多种，目前生产实践中常用的有氨（NH_3）和氟利昂等。

③冷库的设计。冷藏库的建设应注意库址的选择、冷库的容量和形式、隔热材料性质、库房及附属建筑的布局等问题，在设计时都应有比较全面的考虑研究。冷藏库建筑的一个重要问题，是如何减少外来热量流入冷藏库内，因此选择适宜的隔热材料是十分重要的。应选择隔热性能好（导热系数小）和具有下列特点的材料：造价低廉，质量轻，便于使用；不吸湿，不霉烂，抗腐蚀能力强；耐火，耐冻；无异味，无毒性；能保持原形不变；能防虫、鼠蛀食等。隔热材料的敷设应当使绝缘层成为一个完整连续的整体，以防止外界热的传入。隔热材料有两种类型：一类是加工成固定形状的板块状，如软木类；另一类是颗粒状松散的材料，如锯木、稻壳等。最好是采用板块隔热材料，因它能保持原来的状态，持久耐用。若是采用松散颗粒隔热材料填充两层墙壁之间，因重力作用的影响逐渐下沉，造成隔热层上部空虚，易形成漏热渠道，增加制冷机械的热负荷。并且，采用颗粒隔热材料时，因其导热性较强，应适当增加厚度。隔热材料中要防止水汽的累积，隔热材料内部水汽的凝结，会降低隔热材料的隔热效能。水蒸气是通过建筑材料（如砖块、木材等），在水蒸气内外有差异的情况下和在毛细管的作用下，由外表渗入到墙壁中，逐渐达到饱和而凝结为水的，并积留于绝缘层中，降低隔热材料的阻热性能，从而引起损坏。因此，在隔热材料两面与建筑材料之间要加一层防水汽层，封闭水汽进入通道。用于封闭水汽的材料有塑料薄膜、金属箔片、沥青胶剂、树脂黏胶剂、绝缘材料。不管用哪类防水汽材料，用时都要注意完全封闭，不能留有任何微小缝隙，特别是温度较高的一面。如果只在绝热层上敷设防水汽层，就应该敷设在绝缘层温度比较高的一面的外表上，这是很重要的。

(2) 青枣机械冷藏管理技术。

①温度。第一，温度是决定新鲜果蔬产品贮藏成败的关键。各种不同果蔬产品贮藏的适宜温度是有差别的，即使是同一种类的也会因品种不同而存在差异，甚至成熟度不同也会产生影响。选择和设定的温度太高，果蔬产品贮藏效果不理想；相反，选择和设定的温度太低，则容易引起冷害，甚至冻害。根据研究，青枣适宜的贮藏温度应控制在 4±1℃。为了达到理想的贮藏效果和避免田间热的不利影响，青枣贮藏初期降温速度越快越好，因此在进库前最好预冷。第二，结露现象的出现有利于微生物的活动繁殖，致使病害发生，腐烂增加。因此，贮藏过程中温度的波动应尽可能小，最好控制在 ±0.5℃以内，尤其在相对湿度较高时（0℃的空气相对湿度为 95％时，温度下降至 −1℃就会出现凝结水）。第三，当冷藏库的温度与外界气温有较大的温差时（通常超过 5℃），冷藏的青枣在出库前需经过升温过程，以防止"出汗"现象的发生。升温最好在专用升温间或在冷藏库房穿堂中进行。升温的速度不宜太快，维持气温比品温高 3℃～4℃即可，直至品温比正常气温低 4℃～5℃为止。综上所述，冷藏库温度管理的要点是适宜、稳定、均匀及合理的贮藏初期降温和商品出库时升温的速度。而对冷藏库房内温度的监测和温度的控制，则可以采用人工或自动控制系统进行。

②相对湿度。对于青枣来说，相对湿度应控制在 90％～95％，较高的相对湿度对于控制新鲜青枣的水分散失十分重要。水分损失除直接减轻了重量以外，还会使青枣的新鲜程度和外观质量下降（出现萎蔫等症状），食用价值降低（营养含量减少及纤维化等），促进成熟衰老和病害的发生。与温度控制相似的是相对湿度也要保持稳定。要保持相对湿度的稳定，维持温度的恒定是关键。库房建造时，增设能提高或降低库房内相对湿度的湿度调节装置是维持湿度符合规定要求的有效手段。人为调节库房相对湿度的措施有：当相对湿度低时，需要对库房增湿，如地坪洒水、空气喷雾等；对产品进行包装，创造高湿的小环境，如用塑料薄膜单果套袋或以塑料袋作内衬等是常用的手段。库房中空气循环及库房内外的空气交换可能会造成相对湿度的改变，管理时在这些方面应引起足够的重视。蒸发器除霜时不仅影响库房内的温度，也常引起湿度的变化。当相对湿度过高时，可用生石灰、草木灰等吸潮，也可以通过加强通风换气来达到降温除湿目的。

③通风换气。通风换气是机械冷藏库管理中的一个重要环节。新鲜青枣由于是有生命的活体，贮藏过程中仍在进行各种活动，需要消耗氧气，产生二氧化碳等气体。其中有些对于新鲜青枣贮藏是有害的，如青枣正常生命过程中形成的乙烯、无氧呼吸的乙醇等。因此，需要将这些气体从贮藏环境中除去，而简单易行的办法就是通风换气。青枣产品入贮时，可适当缩短通风间隔的时间，如 10～15 天换气一次。一般在建立了符合要求且稳定的贮藏条件后，通风换气一个月

一次。通风换气时要求做到充分彻底，其时间的选择要考虑外界环境温度，理想的是在外界温度和贮温一致时进行，以防止库房内外温度不同时带入热量或造成过冷而给产品带来不利影响。生产上常在每天温度相对最低的晚上到凌晨这一段时间进行。

④库房及用具的清洁卫生和防虫防鼠。贮藏环境中的病、虫、鼠害是引起果蔬产品贮藏损失的主要原因之一。青枣产品贮藏前库房及用具均应进行认真彻底地清洁消毒，做好防虫、防鼠工作。用具（包括垫仓板、贮藏架、周转箱等）用漂白粉水进行认真的清洗，并晾干后入库。用具和库房在使用前需要进行消毒处理，常用的方法有硫黄熏蒸、福尔马林熏蒸、过氧乙酸熏蒸，以及用 0.3%～0.4%有效氯漂白粉或 0.5%高锰酸钾溶液喷洒等。以上处理对虫害有良好的抑制作用，对鼠类也有驱避作用。

⑤果品的入贮及堆放。新鲜青枣果品入库贮藏时，若已经预冷处理，则可进行一次性入库并建立适宜贮藏条件的贮藏；若未经预冷处理，则应分次、分批进行。除第一批外，以后每次的入贮量不应太多，以免引起库温的剧烈波动和影响降温速度。在第一次入贮前可对库房预先制冷并贮藏一定的冷量，以利于果品入库后使其温度迅速降低。入贮量第一次以不超过该库总量的 1/5，以后每次以 1/10～1/8 为好。果品入贮时堆放的科学性对贮藏有明显影响，堆放的总要求是"三离一隙"。"三离"指的是离墙、离地坪、离天花板。一般果品堆放要距离墙面 20～30 cm。离地指的是果品不能直接堆放在地面上，要用垫仓板架空，这样可以使空气在垛下形成循环，以保持库房各部位温度均匀一致。应控制果品堆的高度不要离天花板太近，一般原则是离天花 0.5～0.8 m，或者低于冷风管道送风口 30～40 cm。"一隙"是指垛与垛之间及垛内要留有一定的空隙，以保证冷空气进入垛间和垛内，排除热量。留空隙的多少与垛的大小、堆码的方式密切相关。"三离一隙"的目的是为了使库房内的空气循环畅通，避免死角的存在，并及时排除田间热和呼吸热，保证各部分温度的稳定均匀。果品堆放时要防止倒塌情况的发生（底部容器不能承受上部重力），可采取搭架或堆码到一定高度时（如 1.5 m）用垫仓板衬一层再堆放的方式解决。新鲜果品堆放时，要做到分等、分级、分批次存放，尽可能避免混贮情况的发生。不同种类的果品其贮藏条件是有差异的，即使同一种类，也会因品种、等级、成熟度不同或栽培技术措施不一样等对贮藏条件的选择和管理产生影响。混贮对于果品是不利的，尤其对于需要长期贮藏，或相互间有明显影响的如串味、对乙烯敏感性强的果品等，更是如此。

⑥冷库检查。新鲜青枣果品在贮藏过程中，不仅要注意对贮藏条件（温度、相对湿度）的检查、核对和控制，并根据实际需要记录、绘图和调整等，还要组织对贮藏库房中的果品进行定期检查，了解果品的质量状况和变化。

综上所述，青枣在低温 $4\pm1℃$、相对湿度 $90\%\sim95\%$ 条件下，结合涂膜或塑料薄膜袋密封包装，贮藏 45 天的好果率在 90% 以上。

2. 气调库贮藏

（1）气调库贮藏的原理。

气调贮藏即调节气体成分的贮藏，是当前国际上果（蔬）品保鲜广为应用的现代化贮藏手段。气调贮藏是将果（蔬）品贮藏在不同于普通空气的混合气体中，其中 O_2 含量较低，CO_2 含量较高，这样有利于抑制果（蔬）品的呼吸代谢，从而保持新鲜品质，延长贮藏寿命。气调贮藏是在冷藏的基础上进一步提高贮藏效果的措施，它包含着冷藏和气调的双重作用。

①对果（蔬）品的要求。气调库贮藏法多用于果（蔬）品的长期贮藏。因此，无论在外观或是内在品质上都必须保证果（蔬）品的高质量，才能获得高质量的贮藏果（蔬）品，以取得较高的经济效益。入贮的果（蔬）品要在最适宜的时期采收，不能过早或过晚，这是获得良好贮藏效果的基本保证。另外，只有呼吸跃变型的果（蔬）品采用气调贮藏，才能取得显著效果。

② O_2、CO_2 和温度的配合。气调库贮藏是在一定温度条件下进行的。在控制空气中的 O_2 和 CO_2 含量的同时，还要控制贮藏的温度，并且使三者得到适当的配合。

③气调冷藏库。首先，它要有机械冷藏库的性能，具备良好的密封性能，以确保库内气体组成的稳定；其次，它应有人工控制的调气设备。气调冷藏库的库房结构和冷藏设备与机械冷藏库基本相同，但要求气调冷藏库要有很高的气密性，以防止漏气，确保库内气体组成的稳定，并能经受一定的压力（正压和负压）。为了提高库房的气密性和耐压能力，经常采取的做法是：采用预制隔热嵌板建造库房，建成的库房内壁喷涂泡沫聚氨酯（聚氨基甲酸酯），库门的设计采用只设一道门（要求此门既是保温门，又是密封门）或设两道门（第一道门是保温门，第二道门是密封门，一般在门上设观察窗和取样孔，方便观察和从库内取样），设置气压袋，设置气密性测试装置及调气设备。气调库中调节气体的主要设备是制氮机，有燃烧式、碳分子筛和中空纤维膜制氮机，目前碳分子筛制氮机使用较为广泛。另外，还配有 CO_2 消除系统，常用的有 NaOH 洗涤器、消石灰吸收器、活性炭吸收器等。

（2）青枣气调库贮藏管理技术。

气调贮藏的管理与操作在许多方面与机械冷藏相似，包括库房的消毒、果（蔬）品入库后的堆码方式，以及温度、相对湿度的调节和控制等，但也存在一些不同。

①新鲜青枣的原始质量。用于气调贮藏的新鲜青枣果品质量要求很高，如果没有入贮前的优等质量为基础，就不可能获得气调贮藏的高效。贮藏用的青枣最

好在专用基地生产，以加强采前的管理。另外，要严格把握采收的成熟度，并注意采后商品化处理技术措施的配套综合应用，以利于气调效果的充分发挥。

②果品入库和出库。新鲜青枣入库贮藏时要尽可能做到分种类、品种、成熟度、产地、贮藏时间要求等分库贮藏，不要混贮，以避免相互间的影响和确保提供最适宜的气调条件。气调条件解除后，果品应在尽可能短的时间内一次出清。

③温度。气调贮藏的新鲜青枣采收后，有条件的应立即预冷，排除其田间热后才能入库贮藏。经过预冷的果品应一次入库，以缩短装库时间，从而有利于尽早建立气调条件；另外，在封库后建立气调条件期间可避免因温差太大导致内部压力急剧下降，增大库房内外压力差而对库体造成伤害。贮藏期间温度管理的要点与机械冷藏相同，适宜贮藏的温度 4℃左右。

④相对湿度。气调贮藏过程中由于能保持库房处于密闭状态，且一般不进行通风换气，因而能保持库房内较高的相对湿度，降低了湿度管理的难度，有利于产品新鲜状态的保持。气调贮藏期间可能会出现短时间的高湿情况，一旦发生这种现象即需除湿（如 CaO 吸收等）。

⑤空气洗涤。在气调条件下贮藏的果品所挥发出的有害气体和异味物质会逐渐积累，甚至达到有害的水平。气调贮藏期间，这些物质不能通过周期性的库房内外气体交换方法等被排走，故需要增加空气洗涤设备（如乙烯脱除装置、CO_2 洗涤器等）定期工作来达到空气清新的目的。

⑥气体调节。气调贮藏的核心就是进行气体成分的调节。在根据新鲜青枣的生物学特性、温度与湿度的要求决定了气调的气体成分后，便可进行气体成分的调节，使其指标在尽可能短的时间内达到规定的要求，并且整个贮藏过程中维持在合理的范围内。适宜贮藏环境的气体成分应分别是：O_2 为 3%～5%、CO_2 为 1.0%～1.5%。

⑦安全性。由于新鲜青枣对低 O_2 和高 CO_2 等气体的耐受力是有限度的，而果品长时间贮藏在超过规定限度的低 O_2、高 CO_2 等气体条件下会受到伤害，导致损失。因此，气调贮藏时要注意对气体成分的调节和控制，并做好记录，以防止意外情况的发生；同时，也有助于在意外情况发生后，对其原因的查明和责任的确认。另外，气调贮藏期间应坚持定期通过观察窗和取样孔加强对产品质量的检查。

库内果（蔬）品之间要留有适度的通风空隙，并保持库内温度恒定。另外，由于密封薄膜透气性会因为贮藏时间过长而可能造成库内氧气浓度过低或二氧化碳浓度过高，影响贮藏效果。所以，应常在库内的地面上撒一些消石灰或木炭，以吸收过多的二氧化碳，或采用通风换气的办法改变库内气体组成。

综上所述，青枣在低温 4℃左右、相对湿度 90%～95%条件下，适宜贮藏环境的气体成分是：O_2 为 3%～5%、CO_2 为 1.0%～1.5%，其贮藏 80 天的好果率在 95%以上。

3. 自发气调

自发气调贮藏，这种方式不规定严格的气体指标，允许有较大幅度的变动，贮藏中不进行人工调气，仅定期放风，进行自动调气（MA 贮藏）。由于采用自发气调贮藏的方法，可以对果实所处环境的气体成分进行调节，降低 O_2 的浓度，提高 CO_2 的浓度，从而降低果实的呼吸强度，抑制酶的活性和微生物的活动，减少乙烯的生成，延缓果实的代谢过程，较好地保持果实的风味和品质。采用自发气调保鲜袋（聚丙烯膜，厚度为 0.02 mm，规格为 18 cm×22 cm，表面进行微孔处理）对青枣果实进行包装，每袋 5 个果实，然后用封口机封袋口，结合低温 4±1℃，贮藏 50 天的好果率在 90%以上。

4. 热处理

热处理作为一种物理保藏方法，能有效地控制果（蔬）品在采收后发生的病虫害，调节果（蔬）品的生理生化代谢，且无污染和化学残留，因此成为目前研究的热点。热处理技术在发达国家已商业性或半商业性地应用于柑橘、番茄、甘蓝等果（蔬）品采收后的处理。热处理的方式可以是热水处理，也可以是热空气处理。

随着热空气和热水温度的提高、处理时间的延长，会对青枣果实造成一定程度的热伤害，且用热空气处理不适宜，还会造成青枣果实出现轻微的失水萎蔫，影响果实的品质。因此，选择适宜的热处理条件对青枣的贮藏保鲜效果具有显著的影响。研究表明，用 50℃的热水处理青枣 10 分钟，可以在一定程度上抑制青枣果实的腐烂，使其货架期延长至 12 天，好果率在 90%以上。

5. 涂膜保鲜

涂膜保鲜的原理是：涂膜剂在青枣表面所形成的薄膜起到了天然屏障作用，可密封果实表面气孔，形成具有严密渗透性的密闭环境，对气体的交换具有一定阻碍作用，既可抑制蒸腾作用，减少水分蒸发，也可起到微气调作用，减缓呼吸，降低呼吸底物的消耗，抑制果实的衰老，利于青枣内部品质的保存。此外，一些涂膜剂所形成的膜还可以抑制病原菌的侵入与蔓延。

研究表明，以魔芋葡甘聚糖为主要原料，辅以其他添加剂形成的复合膜，对青枣具有较好的贮藏保鲜效果。复合膜在一定程度上能抑制果实的腐烂，较好地保持果实的品质。复合膜的配方为 0.50%的葡甘聚糖、0.30%的苯甲酸钠、0.06%的钠他霉素和 4.00%的氯化钙。常温条件下，贮藏 15 天后，涂膜青枣的失重率为 4.62%，好果率在 90%以上，从而有效地延长了青枣常温下的保鲜时间。吉建邦等人，用瓜尔豆胶 1.1 g，卡拉胶 0.22 g，单甘酯 0.25 g，蔗糖酯 0.25 g，水 500 mL，杀菌剂和防腐剂若干，在室温条件下青枣的货架可达到 12 天，在 2℃~5℃贮藏条件下其贮藏期可达 50 天，好果率 95%以上。

6.1-MCP 处理

1-甲基环丙烯（1-methylcyclopropene，1-MCP）是近年来国内外研究较多的一种乙烯受体抑制剂，它能不可逆地作用于乙烯受体，阻断乙烯的正常结合，抑制其所诱导的与果（蔬）品、切花后熟或衰老相关的一系列生理生化反应。1-MCP 不但能强烈地阻断内源乙烯的生理效应，而且还能抑制外源乙烯对内源乙烯的诱导作用，因而在采后果（蔬）品保鲜中有极大的应用前景。近年来发现，1-MCP 能延长苹果、梨和猕猴桃等果实的贮藏寿命。

研究显示，1-MCP 能有效抑制青枣果实腐烂和褐变，果实经 1-MCP 处理后，乙烯合成受到显著抑制，乙烯高峰出现延迟，超氧化物歧化酶（SOD）和过氧化物酶（POD）活性提高，从而减缓了丙二醛（MDA）的积累和细胞膜透性的升高。用 1.0 mg/L 的 1-MCP 处理青枣果实，并结合低温 4±1℃，其贮藏 50 天的好果率在 90% 以上。

四、青枣加工技术与利用

（一）低糖青枣果脯

1. 工艺流程

原料选择→清洗→去皮→去核→硬化→热烫处理→真空渗糖→干燥→包装→成品。

2. 操作要点

（1）原料选择：选八、九成熟，无病虫害，质地较硬的青枣作加工原料。

（2）清洗：用清水洗去青枣表面的泥沙等杂质。

（3）去皮：把清洗后的青枣投入 95℃、10% 的 NaOH 溶液中处理 2~3 分钟，然后取出，立即用水把果皮冲去，在青枣漂水去皮时，可适当加入 0.1%~0.2% 的盐酸中和碱液。

（4）去核：用捅核器将青枣核去掉。

（5）硬化：把去核后的青枣放入 0.5% 的氯化钙溶液中处理 3~4 小时。

（6）热烫处理：把 0.5% 的氯化钙和 0.5% 的柠檬酸混合液加热到 100℃，热烫处理 5 分钟，立即用冷水彻底冷却。

（7）真空渗糖：第一次把青枣和 40% 的白砂糖溶液放入真空处理设备中，在 0.085 MPa 下处理 30 分钟，然后缓慢放气，在此糖液中浸渍 4 小时。第二次把第一次真空处理后的青枣和由 0.5% 的卡拉胶、50% 的白砂糖、0.5% 的苯甲酸钠组成的混合液放入真空处理设备中，在 0.085MPa 下处理 30 分钟，然后缓慢放气，在此糖液中浸渍 12 小时。由于青枣成熟度偏高，果肉组织柔软，含水量达 85%，易煮烂，故采取先用真空渗糖处理的方法，利用糖分的渗透压使果肉组织细胞脱水，可提高其致密度，对保持成品形态，防止碎片和软烂更有利。

（8）干燥：沥干糖液，60℃～70℃干燥，至含水量为 16％～18％时。

3. 产品质量标准

（1）感官指标：

①色泽为浅黄色，半透明，有光泽；

②组织形态为组织饱满，无杂质；

③风味为酸甜适口，无异味。

（2）理化指标：总糖分为 42％～45％，水分为 16％～18％。

（3）微生物指标：细菌总数≤100 cfu/mL，大肠杆菌≤3 MPN/1000mL，致病菌不得检出。

（二）金丝蜜枣

1. 工艺流程

原料选择→清洗→划丝→硬化→冲洗→糖制→烘干→包装→成品。

2. 操作要点

（1）原料选择：选用长果形、无腐烂、质地较硬的高朗1号青枣。高朗1号青枣果形长、皮薄、无涩味，制作金丝蜜枣无须去皮去核，直接划丝不仅利于渗糖，而且能保持蜜枣的体形完整。减少去皮工序，可避免脱皮剂对蜜枣的品质产生不良影响，缩短生产工艺，减轻劳动强度，降低成本。

（2）清洗：除掉青枣表面的泥沙等污物。

（3）划丝：用不锈钢刀或钢针纵向划纹，深至果肉 2/3，划丝越细密越好，以果肉不脱离为准。

（4）硬化：硬化液选用 0.5％的明矾溶液，处理时间 8 小时。

（5）冲洗：捞起后用清水冲洗果面残余的硬化液。

（6）糖制：先用白砂糖（4份）与青枣（6份）拌匀，腌制 8～10 小时，可使青枣中的水分渗出一些；然后移出糖液，将白砂糖为 10％的适量糖液加热煮沸后倒入青枣中，再煮沸腾 10 分钟，轻轻上下翻动，继续糖渍；24 小时后移出糖液，再将白砂糖为 10％的适量糖液加热煮沸后回加到青枣中，利用温差加速渗糖。如此几次渗糖，以达到蜜枣所需的含糖量。另外，也可用淀粉糖浆取代 45％的白砂糖，既可使甜度降低，又保持吸糖饱满，而且柔软。

（7）烘干：捞起青枣用热水淋洗沥去青枣表面糖液，干燥温度控制在 60℃～65℃，这期间还要进行换筛、翻转、回湿等控制。

（8）包装：金丝蜜枣成品含水率一般在 16％～18％，达到干燥要求后，进行回软、整形、装瓶、密封。

3. 产品质量标准

（1）感官指标：

①色泽呈棕黄色，有光泽，半透明；

②外观形状完整，丝纹饱满，无露核，表面干燥不粘手；

③具有鲜青枣划丝糖煮后应有的风味和香气。

（2）理化指标：

①含水量<16%～18%，含糖量为50%～55%；

②重金属含量为铜≤10 mg/kg、铅≤1.0 mg/kg、砷≤0.5 mg/kg。

（3）卫生指标：无发酵现象，细菌总数≤100 cfu/mL，大肠杆菌≤3 MPN/1000mL，致病菌不得检出。

（三）青枣果酱

1. 工艺流程

原料选择→原料处理（清洗、去皮、去心、切分）→预煮→打浆→配料→浓缩→装罐、封口→杀菌、冷却→成品。

2. 操作步骤

（1）原料选择：选择成熟度适宜、含果胶及果酸成分多的、芳香味浓的青枣。

（2）原料处理：用清水将果面洗净后去皮、去心，将青枣切成小块，并及时利用1%～2%的食盐水或0.2%的抗坏血酸溶液进行护色。

（3）预煮：将小果块倒入不锈钢锅内，再加入占果重1/10或1/5左右的水，煮沸15～20分钟，要求果肉煮透，使之软化兼防变色。

（4）打浆：用打浆机打浆或用破碎机来破碎。

（5）配料：按果肉100 kg，加糖70～80 kg（其中白砂糖的20%宜用淀粉糖浆代替，白砂糖加入前需要预先配成浓度为75%的糖液）和适量的柠檬酸。

（6）浓缩：先将果浆打入锅中，分2～3次加入糖液，在可溶性固形物达到60%时加入柠檬酸调整果酱的pH值为2.5～3.0，待加热温度到105℃～106℃，而果酱浓缩至可溶性固形物含量达65%以上时出锅。

（7）装罐、封口：出锅后立即趁热装罐，封罐时酱体的温度不低于85℃。

（8）杀菌、冷却：封罐后立即投入沸水中5～15分钟，杀菌后分段冷却到38℃～40℃。

3. 产品质量标准

（1）感官指标：

①色泽呈浅黄色，颜色鲜艳有光泽，色泽均匀一致；

②风味为酸甜适口，有青枣特有的香味，无焦煳和其他异味；

③组织形态为酱体黏稠状，均匀细腻，倾斜时可流动但不流散，不分泌液汁且无糖的结晶。

（2）理化指标：

①总糖量≥60%，可溶性固形物≥65%；

②重金属含量：铅<0.5 mg/kg，砷<0.5 mg/kg，铜<5 mg/kg；

③不允许杂质存在。

（3）微生物指标：细菌总数≤100 cfu/mL，大肠杆菌≤3 MPN/1000mL，霉菌≤10 cfu/mL，酵母菌≤10 cfu/mL，致病菌不得检出。

（四）果冻

1. 工艺流程

选料、清洗、去皮、切分→软化→打浆→取汁、过滤→调糖度及 pH 值→浓缩→冷却成型→成品。

2. 操作步骤

（1）选料、清洗、去皮、切分：选择成熟度适宜、果胶物质丰富、含酸量高、芳香味浓的原料，去除霉烂变质、病虫害严重的不合格果实。然后，进行清洗果面污物，去皮、去核、切分备用，或去皮、去核后，用破碎机破碎备用。

（2）软化：将小果块倒入不锈钢锅内，再加入与果重等量的水，煮沸 15～20 分钟，要求果肉煮透，使之软化兼防变色。

（3）打浆：用打浆机打浆或用破碎机来破碎。

（4）取汁、过滤：由果肉榨出果汁，经过过滤、澄清；再在果肉渣中加入适量水搅拌 30～60 分钟，提取果胶液，经过过滤、澄清后与果汁合并。

（5）调糖度及 pH 值：按果汁量的 60％加入白砂糖，加入柠檬酸调整 pH 值为 3～4；调整果汁中的果胶含量，保证成品中果胶含量达到 1％左右。若果汁中果胶含量不足，则可补加果胶或琼脂、明胶、羧甲基纤维素钠、海藻酸钠等。

（6）浓缩：在加热浓缩过程中要分次加糖，浓缩至可溶性固形物含量达 62％～65％。

（7）冷却成型：将浓缩液趁热倒入一定形状的容器中，封口并冷却成型，即为成品。

3. 产品质量标准

（1）感官指标：

①色泽为淡黄色，清澈透明；

②组织形态为成冻，具有弹性，韧性好，表面光滑，质地均匀，切面光滑，形态完整且组织细腻均匀，软硬适宜，无明显杂质与沉淀；

③气味为清香四溢，具有青枣特有的香味，无异味；

④口感细腻爽滑，酸甜可口，具有青枣风味。

（2）理化指标：可溶性固形物≥30％，pH 值为 3.8～4.0，重金属含量符合国家标准。

（3）微生物指标：细菌总数≤100 cfu/mL，大肠杆菌≤3 MPN/1000mL，不得检出致病菌。

（五）果丹皮

1. 工艺流程

挑选、清洗、切分→预煮→打浆→加热浓缩→刮片烘干→揭起整理→包装→成品。

2. 操作步骤

（1）挑选、清洗、切分：选择成熟度适宜（9 成左右）、果胶物质丰富、含酸量高、芳香味浓的原料，剔除霉烂变质、病虫害严重的不合格果实。然后，进行清洗果面污物，去核，对半切瓣备用，或用破碎机破碎备用。

（2）预煮：将小果块倒入不锈钢锅内，再加入与果重等量的水，煮沸 15～20 分钟，要求果肉煮透，使之软化兼防变色。

（3）打浆：待果实软化后，取出倒在筛孔径为 0.5～1.0 mm 的打浆机里打浆，除去皮渣，即得果泥。

（4）加热浓缩：将果浆倒入夹层锅中，按果浆量的 30％～50％加入白砂糖及少量柠檬酸（根据果实含酸量高低而定，通常为果浆量的 0.3％～0.5％），再用文火加热浓缩，注意搅拌，防止焦煳，浓缩至稠糊状，可溶性固形物含量达 55～60％左右时出锅。

（5）刮片烘干：将浓缩的果浆倒在钢化玻璃板上，刮成厚度为 0.3～0.5 cm 的薄片。刮刀力求平展、光滑、均匀以提高产品的质量。刮好后将钢化玻璃板送入烘房，温度为 60℃～65℃，注意通风排潮，使各处受热均匀，烘至手触不粘并具有韧性皮状时取出。

（6）揭起整理：将烘好的果丹皮趁热揭起，放到烤盘上烘干表面水分，用刀切成片卷起，在成品上再撒上一层砂糖。

（7）包装：用透明玻璃纸或食品袋包装。

3. 产品质量标准

（1）感官指标：

①色泽为深黄绿色；

②组织形态为卷状或片状，有一定的亮度和透明度，表面平整细腻，质地柔韧，组织致密，软硬适中，不粘牙，无杂质；

③风味具有青枣特有的风味，酸甜适口，无异味。

（2）理化指标：含水量为 15％～18％，总糖量为 50％～55％，总酸为 0.6～0.8 g/L。

（3）卫生指标：细菌总数≤100 cfu/mL，大肠菌群≤3 MPN/1000mL，致病菌不得检出。

（六）青枣果汁

1. 工艺流程

原料选择→清洗→去皮→去涩→烫漂→打浆榨汁→过滤→成分调配→$\left\{\begin{array}{l}\text{澄清过滤}\\\text{均质脱气}\end{array}\right.$→杀菌、灌装→$\left\{\begin{array}{l}\text{澄清果汁}\\\text{混浊果汁}\end{array}\right.$。

2. 操作步骤

（1）原料选择：选择成熟、新鲜的枣果。枣果没成熟时单宁含量高，涩味太浓，香味、甜味均淡；而成熟的枣果，香味浓郁。

（2）清洗：清洗除去枣果表面的污物。

（3）去皮：把青色的表皮去掉，表皮组织紧密，蜡质层较厚，去掉后更有利于可溶性物质的溶出，去皮后的果汁口味更佳。可以人工去皮，也可以采用机械去皮。若采用机械去皮，则去皮前应将枣果分选，大小均匀，然后分批去皮。此外，对去皮深度要掌握和控制好。若表皮水分少而有所收缩，则应作适当的浸泡，使枣果吸水饱满，才能得到较好的去皮效果。

（4）去涩：枣果成熟度不够时，单宁物质含量高，涩味浓，口感不好，影响青枣果汁的口感，煮制前用 2.0% 的 NaCl 溶液浸泡 1~2 小时，能有效地去除涩味，水量以淹没过枣果为宜。

（5）烫漂：该工艺为整个制作的关键工序。青枣直接打浆做饮料，其多酚及其他成分遇热不稳定。煮制后的枣果经过一系列的物理化学变化后，使其变得性状稳定。水与果之比为 1∶1，沸水中烫漂 2~3 分钟。

（6）打浆榨汁：采用打浆机进行打浆，去渣取汁。

（7）过滤：第一次过滤用 80 目筛过滤，把果汁和果肉分离；第二次过滤用 200 目筛过滤，得到果汁。果浆过滤用 80 目滤布挤压过滤。

（8）成分调配：根据产品的品质需要加入适量的糖、柠檬酸及苯甲酸等。

（9）均质、脱气：生产混浊果汁，小颗粒状的果肉会常常影响外观和口感，出现固体与液体分离的现象，从而降低产品的外观品质。为了增进产品的细度和口感，可用高压均质机或胶体磨机进行均质。先将果汁预热至 70℃，然后采用抽真空脱气，其真空度为 0.8 Pa，处理 10 分钟。本来果蔬细胞间隙就存在大量的空气，在原料的破碎、取汁、均质和搅拌、输送等工序中又混入大量的空气，因此脱气可以防止或减轻果汁中色素、维生素、芳香成分、营养物质的氧化损失。除去附着于果汁中悬浮颗粒表面上的气体，可以防止装瓶后固体物上浮，减少装瓶（罐）和瞬时杀菌时的起泡，减少金属罐内壁的腐蚀。脱气可以在真空脱气罐中进行。

（10）杀菌、灌装：采用水浴杀菌，80℃入池，升温至 90℃，保温 20 分钟。若采用玻璃瓶灌装，则入池温度不宜太高；否则容易爆瓶。

3. 产品质量标准

（1）感官指标：

①澄清果汁为浅黄色，即青枣的自然色泽，具有清新浓郁的青枣果实天然香气，酸甜适中，清澈透明，无杂质；

②混浊果汁为浅黄色，具有清新浓郁的青枣果实天然香气，无异味，酸甜适宜，爽口细腻，组织形态均匀一致，不分层，流动性好，静止后允许有少量沉淀。

（2）理化指标：

①澄清果汁的可溶性固形物含量≥8.0%，总酸（以柠檬酸计）≤0.4 g/L；

②混浊果汁的可溶性固形物含量≥10.0%，总酸（以柠檬酸计）≤0.6 g/L。

（3）卫生指标：细菌总数≤100 cfu/mL，大肠菌群≤3 MPN/1000mL，致病菌不得检出。

（七）青枣果酒

1. 工艺流程

原料预处理（洗涤、去皮、去核、打浆与过滤）→SO_2溶液制备→酵母制备→发酵→后发酵→新酒调配→陈酿→澄清与换桶。

2. 操作步骤

（1）原料预处理：

①洗涤。挑选充分成熟的青枣果实，用清水冲洗其表面尘土及残留农药等。

②去皮。直接人工削皮，或根据青枣品种及成熟度用90℃～100℃热水烫漂1～2分钟，然后迅速冷却，将青枣放于筛网上筛动去皮。

③去核。采用不锈钢刀手工去核。

④打浆与过滤。采用打浆机进行打浆并过滤。

（2）SO_2溶液制备：按果汁中SO_2浓度为50 mg/L的要求，将亚硫酸盐用少量蒸馏水溶解，装入发酵容器内，封盖。待青枣榨出汁后，也将果汁立即装入发酵容器内并搅拌均匀，封盖。

（3）酵母制备：可以采用安琪牌果酒活性干酵母，按菌种浓度为100 mg/L的要求添加。称取一定量酵母和砂糖，先将砂糖放入水中溶解，再加入菌种，50分钟后将其全部加入果汁中正常发酵即可。

（4）发酵：

①调整果汁糖、酸含量。用折光仪或精度计测定果汁含糖量，含糖量低则需加纯净蔗糖；同时测酸度，并调至所需含酸量。一般含糖量要求为25%左右，而含酸量要求为0.6 g/100mL。

②主发酵。将预备发酵的果汁装入发酵容器中，所装果汁量应占容器容量的4/5。待果汁添加了SO_2并经过6小时后，按100 mg/L的比例添加制备好的酒

母。然后，将容器封严（以免引起有害微生物生长繁殖）并配置发酵栓进行密封发酵，经 10~14 天主发酵（发酵醪酒中产气明显减少、液面趋于平静）。发酵过程中，每天早、中、晚要各晃动一次，使罐内各部位浆料均匀发酵。

③砂糖添加。以发酵酒度 16 度为标准在发酵旺盛期补加不足的糖分。

（5）后发酵：将已完成主发酵的原酒经过滤后倒入另一消毒的容器中进行后发酵，同时加入适量的（一般量为 40~50 mg/L）亚硫酸钠做防腐剂，护色杀菌，后发酵为 1 个月左右。

（6）新酒调配：后发酵结束后，将过滤的新酒进行糖、酸及酒度调整，此时可加入 40~50 mL/L 的 SO_2。调配标准为糖度 15％，酸度 0.5 g/100mL（以柠檬酸计），酒度 16°。

（7）陈酿：经调配后的新酒装入消毒后的容器中，即进入陈酿期。酒必须装满，封闭严密，陈酿时间为 1~3 年。

（8）澄清与换桶：用明胶作澄清剂，先用 70℃ 水溶解制成 8％ 的溶液，在青枣酒中用量为 0.02％。换桶的目的是使酒液与陈酿期产生的沉淀分开，以免影响酒的质量。一般陈酿 100 天后换第一次，再过 150 天换第二次，又过 150 天换第三次，以后每年换一次。换桶尽量选在气温低、空气流动小的空间内进行。

3. 产品质量标准

（1）感官指标：

①色泽为浅黄色，具有青枣的自然色泽；

②香气为清新浓郁的青枣果实天然香气，无异味；

③滋味为酸甜适宜；

④典型性为清爽透明、色泽明亮。

（2）理化指标：酒精度（20℃）为 10.8％vol，总糖为 2.0 g/L（以葡萄糖计），总酸为 5.0 g/L（以柠檬酸计）。

（3）微生物指标：细菌总数<5 cfu/mL，致病菌不得检出。

（八）青枣罐头

青枣以果大、肉脆、味甜、产量高而著称，适合将其加工成青枣罐头，原料可以是正常采摘的，也可以是要成熟的落果。近几年在广东、广西等地，由于受气候等因素的影响，经常会导致大量落果，而落果尚未成熟，其味淡带涩不宜直接食用。为了充分利用落果资源，减少浪费损失，可以利用未成熟的青枣落果为材料，加工成青枣罐头，其制作具有成本低、便于开发的优点。

1. 工艺流程

青枣原料的选择→清洗→去皮→硬化处理→热烫处理→装罐→封罐→成品。

2. 操作步骤

（1）青枣原料的选择：选用无腐烂、无伤口、质地较硬的青枣作为加工原料，也可用落果（选择条件同正常采摘的）。

（2）清洗：用清水洗去青枣表皮的泥沙、灰尘等杂质。

（3）去皮：青枣去皮采用碱液去皮法。将青枣放入 100℃、5％的氢氧化钠溶液中处理 1~2 分钟，待果皮稍变黑时，迅速捞出，用水把果皮冲去。在青枣漂水去皮时，可适当加入 0.1％~0.2％的盐酸中和碱液，以避免青枣在碱性溶液中时间太长，对果品产生不良的影响。成熟的青枣带有涩味，去皮后涩味明显减少。去皮后，再加入适量的柠檬黄染色，可使果品的色泽较一致。

（4）硬化处理：青枣的硬化处理，是加工青枣罐头过程中的一项重要操作步骤。特别是青枣落果成熟度较低，组织结构疏松，会直接影响果品的质量。由于明矾、氯化钙所含的铝、钙离子能与果实中的果胶物质生成溶性的盐类，使组织坚硬，因此可利用明矾、氯化钙做硬化剂。此外，明矾还具有媒染作用，能增进果品的色泽和鲜明度。硬化液由 0.5％的明矾和 0.5％的氯化钙组成，处理时间为 8~10 小时。

（5）热烫处理：把青枣放入 0.5％的氯化钙和 0.5％的柠檬酸混合液中加热到 100℃，热烫处理 5 分钟，然后立即捞出，浸入冷开水中冷却。冷却要彻底，以保证果肉的脆度。

（6）装罐：用消毒后的罐藏容器（金属罐、玻璃罐等），装入 0.5 kg 或 1.5 kg 热烫处理后的青枣，0.5 kg 或 1.5 kg 罐液。罐液由 15％的白砂糖、1％的柠檬酸、0.02％的苯甲酸钠、0.04％的山梨酸钾、0.008％的柠檬黄和水组成，罐液应经过煮沸、过滤、冷却后使用。罐液中的糖酸比是影响酸甜青枣罐头风味的一个主要因素，应根据青枣的成熟度和市场需要进行适当调整。

（7）封罐：使用封罐机进行封罐，贴标签，入库。

3. 产品质量标准

（1）感官指标：具有青枣特有的色、香、味，果肉大小、形态均匀一致，无杂质，无异味，破碎率不超过 5％~10％，汤汁淡黄色，汤汁较清，允许略带轻微的混浊和碎屑，不允许有外来杂质存在。

（2）理化指标：糖水浓度要达到 14％~16％，果肉不少于净重的 65％，重金属及微生物指标符合 GB 11671 果蔬类罐头食品卫生标准的规定。

（3）保质期：在 0℃~35℃下，自产品入库日期标起，保存 300 天不变质，不胀罐。

（九）多糖

多糖是一类具有广泛生物活性，由许多相同或不同的单糖（醛糖或酮糖）以 α 或 β-糖苷键连接而成的天然高分子多聚物。自从 20 世纪 50 年代发现真菌多糖具有抗癌作用以来，对多糖的研究发展很快。目前，已发现灵芝、枸杞等多种植物多糖具有体外抗氧化作用。红枣多糖清除体外氧自由基的活性大小与多糖浓

度成正相关。此外，红枣多糖能提高小鼠血液、肝脏及脑组织中 SOD、CAT 酶活性，降低氧化产物 MDA 含量。陈莲等人研究了用热水浸提法从青枣果实中提取的多糖所具有的清除·OH 能力和还原能力均随其浓度的增加而上升，10 mg/mL的多浓度糖对·OH 的清除率高达 98%，说明青枣多糖有较强的抗氧化能力，对体外氧自由基有较好的清除作用。

（十）黄酮

黄酮类化合物是自然界中广泛存在的一类天然产物。研究表明，黄酮类化合物具有很多生理活性，对一些常见病和多发病有重要的生理作用。目前，种植青枣主要利用其果实，其叶子通常遗弃。罗济文等人以新鲜的大青枣叶片为材料，用乙醚除去青枣叶的色素，用乙醇提取其中的黄酮。在乙醇浓度为 70%、提取温度为 80℃、提取时间为 4 小时条件下，黄酮提取量可达 3.0×10^{-7} mol/L。

参考文献

[1] 姚昕. 魔芋葡甘聚糖在青枣贮藏保鲜中的应用研究 [J]. 食品研究与开发，2011 (5)：150—153.

[2] 姚昕，涂勇. 低温对青枣果实贮藏及采后生理特性的影响 [J]. 北方园艺，2008 (4)：262—264.

[3] 姚昕，涂勇. 不同热处理方式对青枣贮藏保鲜效果的影响研究 [J]. 食品与机械，2007 (3)：99—111.

[4] 姚昕，涂勇. 热处理对青枣货架期品质的影响 [J]. 农产品加工·学刊，2007 (1)：10—11.

[5] 姚昕，涂勇. 优化雪莲果烫漂护色条件的研究 [J]. 农产品加工·学刊，2010 (11)：24—25.

[6] 姚昕，涂勇. 雪莲果柚子复合果汁的研制 [J]. 北方园艺，2012 (23)：157—159.

[7] 涂勇，姚昕，余前媛，等. 不同杀菌剂对青枣炭疽病菌的室内毒力测定 [J]. 江苏农业科学，2012，40 (10)：136—137.

[8] 姚昕，涂勇. 不同药剂处理对青枣白粉病的防治效果研究 [J]. 中国园艺文摘，2012 (10)：10—11.

[9] 涂勇，姚昕. 热处理对青枣贮藏效果的影响 [J]. 广西园艺，2007，18 (5)：69—71.

[10] 涂勇. 无公害农产品生产中的植保技术 [J]. 西昌学院学报：自然科学版，2006 (4)：20—23.

[11] 涂勇. 不同杀菌剂对滇橄榄贮藏期炭疽病抑制效果的研究 [J]. 北方园艺，2011 (13)：159—160.

[12] 涂勇，姚昕. 雪莲果低糖果脯的研制 [J]. 西昌学院学报：自然科学版，2010 (4)：58—60.

[13] 涂勇. 果树主要根部病害及其防治方法研究进展 [J]. 江苏农业科学，2012，40 (10)：132—134.

[14] 涂勇. 不同药剂对烟草赤星病的防治效果研究 [J]. 西昌学院学报：自然

科学版，2011（2）：4-5.

[15] 涂勇，姚昕. 西昌地区菜用大豆开花结荚期主要真菌病害种类调查 [J].
西昌学院学报：自然科学版，2001（2）：13-15.

[16] 郑传刚. 菌制剂在应用中存在的问题及解决途径探讨 [J]. 西昌学报：自
然科学版，2003，15（2）：122-125.

[17] 郑传刚. 安宁河坝区烤烟优质适产施肥技术研究 [J]. 西昌学院学报：自
然科学版，2007（4）：14-16.

[18] 郑传刚，戴红燕. 传统香稻品种的改良与栽培研究进展 [J]. 西昌学院学
报：自然科学版，2005（2）：7-9.

[19] 郑传刚. 几个大豆品种在安宁河流域秋植试验研究 [J]. 中国种业，2005
（10）：38.

[20] 郑传刚，蔡光泽，戴红燕. 传统香稻品种的改良与栽培研究进展 [J]. 耕
作与栽培，2005（4）：7-9.

[21] 郑传刚. 日本粳稻品种在安宁河流域引种表现 [J]. 耕作与栽培，2007
（1）：27-28.

[22] 郑传刚. 安宁河流域油用亚麻高产栽培模式研究 [J]. 西昌学院学报：自
然科学版，2007（4）：14-16.

[23] 郑传刚，蔡光泽，彭亮. 四川攀西山区玉米地方种质的改良创新及利用
[J]. 河北农业科学，2008（11）：41-43.

[24] 郑传刚. 四川攀枝花烟区烤烟抗旱栽培技术研究 [J]. 广东农业科学，
2012（21）：40-43.

[25] 郑传刚. 攀枝花烟区烤烟湿润育苗适应性试验 [J]. 湖北农业科学，2012
（23）：5399-5402.

[26] 郑传刚. 不同育苗方式烟苗生理指标与烟苗素质的相关性研究 [J]. 江苏
农业科学，2013（5）：70-72.

[27] 何天祥，蔡光泽，郑传刚，等. 加快攀西地区农业结构调整实现产业化
[J]. 农业与技术，2002，22（4）：57-61.

[28] 何天祥，蔡光泽，郑传刚，等. 山葵栽培技术 [J]. 耕作与栽培，2004
（5）：53-54.

[29] 蔡光泽，王志民，郑传刚. 不同有机肥对优质粳稻产量和品质的影响 [J].
耕作与栽培，2003（5）：11，23.

[30] 罗强，任永波，郑传刚. 土壤重金属污染及防治措施 [J]. 世界科技研究
与发展，2004，26（2）：42-46.

[31] 何天祥，蔡光泽，杨雪梅，等. 山葵主要病虫害防治方法 [J]. 西昌学院
学报：自然科学版，2005（1）：20-22.

［32］薛卫东，王阿桂. 台湾毛叶枣引种栽培初报［J］. 1997，28（4）：41－42.

［33］陈清西. 台湾青枣无公害栽培［M］. 北京：中国农业出版社，1999.

［34］韩凤珠，赵岩，王毅. 图说青枣温室高效栽培关键技术［M］. 北京：金盾出版社，2009.

［35］何月秋. 毛叶枣（台湾青枣）的有害生物及其防治［M］. 北京：中国农业出版社，2009.

［36］李健王，郑惠章. 新兴果树毛叶枣栽培技术［M］. 北京：中国农业出版社，1999.

［37］肖邦森. 毛叶枣优质高效栽培技术［M］. 北京：中国农业出版社，1999.

［38］林日高，张卫国，周爱梅. 低糖台湾青枣脯的研制［J］. 农业科技通讯，2013（11）：35.

［39］潘江球，袁天祈，陈民，等. 毛叶枣果脯的研制［J］. 热带农业工程，1999（1）：17.

［40］潘江球，袁天祈，陈民，等. 毛叶枣果汁饮料及果酱加工技术的研究［J］. 食品科学，1999（1）：73－74.

［41］林日高，张卫国. 酸甜台湾青枣的研制［J］. 农牧产品开发，2001（9）：12－13.

［42］连文伟. 台湾青枣加工金丝蜜枣的研制［J］. 热带农业工程，2001（3）：23－24.

［43］陈蔚辉，曾程忠. 微波对台湾青枣果实采后营养品质的影响［J］. 食品科技，2008，33（12）：80－83.

［44］马姝雯，许雪松. 无添加糖青枣果脯的工艺研究［J］. 农产品加工·学刊，2012（11）：116－118.

［45］洪克前，谢江辉，张鲁斌，等. 1－甲基环丙烯对毛叶枣采后生理的影响［J］. 热带作物学报，2012，33（3）：505－508.

［46］白华飞，杨晓棠，吴锦铸，等. 1－甲基环丙烯对台湾青枣采后生理效应的影响［J］. 热带亚热带植物学报，2004，12（4）：363－366.

［47］陈莲，林钟铨，林河通，等. 安喜布处理对台湾青枣果实果皮活性氧代谢和细胞膜透性的影响［J］. 热带作物学报，2013，34（4）：704－709.

［48］赵凯，曹雪丹，朱水星. 不同浓度蜂蜡涂膜剂对台湾青枣保鲜效果的影响［J］. 保鲜与加工，2011，11（4）：16－19.

［49］王跃华，黄剑波. 不同温度处理对台湾青枣贮藏保鲜效果［J］. 农业网络信息，2005（8）：72－73.

［50］曾文武. 毛叶枣的贮藏保鲜［J］. 热带农业科学，1998（5）：46－49.

［51］林玲，谢江辉，孙光明. 毛叶枣果实发育过程中糖的积累［J］. 江西农业

大学学报，2008，30（6）：1031－1033.

[52] 谭志琼. 毛叶枣嫁接苗枯死病的诊断及防治［J］. 热带农业科学，2000（1）：21－23.

[53] 吉建邦，康效宁，谢辉. 毛叶枣涂膜保鲜技术的研究［J］. 保鲜与加工，2003，23（4）：17－19.

[54] 刘成明，胡桂兵，陈大成. 毛叶枣引种及实生选种初报［J］. 中国南方果树，1997，26（6）：48.

[55] 王兰，杨定发，李顺德，等. 毛叶枣贮藏保鲜的初步研究［J］. 安徽农业科学，2008，36（4）：1604－1605.

[56] 康效宁，吉建邦，谢辉，等. 毛叶枣贮藏保鲜技术研究［J］. 中国食品学报，2006，6（1）：144－150.

[57] 边文范，续九如. 台湾青枣的品种对比试验［J］. 亚热带农业研究，2006，6（1）：5－7.

[58] 陈菁，谢江辉，窦美安. 12个毛叶枣品种（种质）园艺性状的评价［J］. 中国南方果树，2006，35（1）：48－49.

[59] 常运涛，文仁德. 台湾青枣育苗技术［J］. 广西园艺，2001（1）：13.

[60] 夏国京，张力飞，钟明英，等. 台湾青枣设施栽培表现与发展前景初探［J］. 辽宁农业职业技术学院学报，2002，4（4）：28－30.

[61] 蔺吉武，刘慧纯，付文涛. 温室栽培台湾青枣白粉病的发生与防治［J］. 北方果树，2005（3）：33.

[62] 张义勇，何艳成，刘全国，等. 北方日光温室优质丰产栽培技术［J］. 承德民族职业技术学院学报，2004（2）：84－87.

[63] 于有国，杨建明，高海龙. 台湾大青枣温棚栽培技术［J］. 甘肃林业，2008（1）：39－40.

[64] 刘全国. 日光温室台湾青枣高产优质栽培技术［J］. 黑龙江农业科学，2007（30）：70－72.

[65] 王毅，韩凤珠，赵岩，等. 青枣温室引种栽培试验简报［J］. 西北园艺，2006（10）：18－20.

[66] 李建兵，何水金. 青枣"台湾五十种"设施栽培技术［J］. 北方果树，2007（6）：32－33.

[67] 刘慧纯，蒋锦标，魏宏贺. 前景广阔的设施栽培新树种——青枣［J］. 北方果树，2003（2）：33.

[68] 袁丹，胡蓟江. 青枣栽培过程中的病虫害防治技术探析［J］. 北京农业，2012（12）：23.

[69] 刘世平，梁开明，蔡楚雄. 台湾青枣病虫害及缺素症的防治［J］. 广东农

业科学，2007（7）：14—17.

[70] 岑贞陆，谢玲，黄思良. 大青枣炭疽病的病原鉴定及其生物学特性研究 [J]. 中国农学通，2002，8（3）：48—51.

[71] 李顺德，杨定发，何月秋. 台湾青枣白粉病发生规律及防治技术探讨 [J]. 中国南方果树，2006，35（1）：73—74.

[72] 白永文. 台湾青枣果实蝇为害调查及防治措施 [J]. 林业调查规划，5（增刊）：172—173.

[73] 袁高庆，赖传雅. 台湾大青枣黑斑病和灰霉病发生为害初报 [J]. 广西植保，2001，14（3）：30.

[74] 杨玉梅，赵艳龙. 青枣园桔小实蝇的发生与防治 [J]. 中国热带农业，2008（5）：48—49.

[75] 何月秋，李顺德，杨定发. 毛叶枣的常见病害及其防治措施 [J]. 江西农业科学，2002（5）：29—30.

[76] 王松标，陈佳瑛. 毛叶枣主要病虫害及综合防治 [J]. 中国南方果树，2005，34（4）：55—57.

[77] 雷新涛，臧小平. 毛叶枣主要虫害的发生与防治 [J]. 中国南方果树，2000，29（6）：43—44.

[78] 谢潮江，张垂明，吉家乐. 毛叶枣果园的土肥水管理技术 [J]. 现代农业科技，2007（15）：59—60.

[79] 李舒婕. 毛叶枣优质丰产栽培技术 [J]. 福建果树，2008（1）：36—38.

[80] 陆新华，孙光明. 高朗一号毛叶枣果实发育期间矿质元素含量变化 [J]. 广东农业科学，2007（2）：37—38.

[81] 王仁健，赖文燕，陈景成. 耕清防除青枣果园杂草试验 [J]. 现代农业科技，2008（22）：114.

[82] 俞艳春，文定良，罗心平. 绿肥覆盖对改善台湾青枣园微环境的效果初报 [J]. 热带农业科技，2006，28（3）：18—19.

[83] 孙浩元，王玉柱，杨丽. 毛叶枣播种及扦插育苗技术研究 [J]. 河北林果研究，2004，19（1）：42—45.

[84] 孙浩元，王玉柱，杨丽，等. 毛叶枣不同种源砧木的抗旱性评价 [J]. 中国农学通报，2006，22（7）：146—149.

[85] 秦达遥，王忠林，杨从全. 毛叶枣的栽培技术 [J]. 资源开发与市场，1996，12（1）：28—29.

[86] 葛宪生，陈春生，王加更. 青枣低产园综合改造技术 [J]. 浙江柑橘，2002，19（3）：40.

[87] 杨平，孙向阳，王海燕，等. 施肥对台湾青枣营养生长的影响 [J]. 北京

林业大学学报，2007，29（6）：211－214.

[88] 谢江辉，邓次珍. 毛叶枣的优质栽培技术 [J]. 中国南方果树，1997，26（1）：38.

[89] 张福平，张秋燕. 不同贮藏温度对台湾青枣生理和品质的影响 [J]. 广东农业科学，2010（4）：76－79.

[90] 张福平. 采收成熟度对台湾青枣耐藏性及品质的影响 [J]. 特产研究，2004（2）：11－13.

[91] 汪跃华，任敬民，董华强. 臭氧和苯甲酸钠对台湾青枣贮藏保鲜的效果 [J]. 中国南方果树，2005，34（5）：66－67.

[92] 汪跃华，林银凤，李军. 臭氧和山梨酸钾对台湾青枣贮藏研究 [J]. 食品科技，2006（7）：258－260.

[93] 朱恩俊，孙健，王举兵，等. 富马酸二甲酯对贮藏期毛叶枣品质的影响 [J]. 食品工业科技，2011，32（5）：363－366.

[94] 何秋香，潘琪，陈新来，等. 浸钙、壳聚糖浸泡和温烫处理对台湾青枣果皮褐变的影响 [J]. 中国农学通报，2013，29（19）：120－124.

[95] 王卉，付中吉. 壳聚糖涂膜对海南青枣保鲜效果的研究 [J]. 琼州学院学报，2012，19（5）：30－33.

[96] 汪跃华，林银凤，温玉辉，等. 氯化钙结合低温处理对台湾青枣贮藏的影响 [J]. 西南农业大学学报：自然科学版，2006，28（2）：195－196.

[97] 胡美姣，邢梦玉，张令宏，等. 毛叶枣采后病害与防腐保鲜技术 [J]. 中国南方果树，2005，31（5）：51－53.

[98] 臧小平，雷新涛. 毛叶枣的营养与施肥 [J]. 热带农业科学，1999（5）：30－35.